多层低温共烧陶瓷技术

Multilayered Low Temperature Cofired Ceramics(LTCC) Technology

〔日〕今中佳彦（Yoshihiko Imanaka） 著
詹欣祥 周 济 译

U0297722

科学出版社
北 京

图字：01-2009-7218

内 容 简 介

本书全面介绍了低温共烧陶瓷（LTCC）技术，给出了大量20世纪80年代富士通和IBM美国公司开发的大型计算机用铜电路图层的大面积多层陶瓷基板的工程图表。全书共10章。第1章绪论，概述了低温共烧陶瓷技术的历史、典型材料、主要制造过程等。第2章至第9章分为两大部分，第一部分为材料技术，包括第2章至第4章，论述了陶瓷材料、导体材料及辅助材料的特性和应用；第二部分为工艺技术，包括第5章至第9章，细致地描述了各工序特点、工艺条件、控制、在制品评价、缺陷防止和产品可靠性等诸多问题。最后，在第10章，展望了低温共烧陶瓷技术的未来发展。

本书适合从事电子、材料等领域研究、开发和生产的技术人员参考阅读，也可作为高等院校相关专业的研究生、本科生教材使用。

Translation from the English language edition:
Multilayered Low Temperature Cofired Ceramics (LTCC) Technology by
Yoshihiko Imanaka
Copyright © 2005 Springer Science+Business Media, LLC
All Rights Reserved

图书在版编目(CIP)数据

多层低温共烧陶瓷技术/（日）今中佳彦著；詹欣祥，周济译.—北京：科学出版社，2009

书名原文：Multilayered Low Temperature Cofired Ceramics（LTCC）Technology

ISBN 978-7-03-026198-4

Ⅰ.多… Ⅱ.①今…②詹…③周… Ⅲ.陶瓷-烧成 Ⅳ.TQ174.6

中国版本图书馆 CIP 数据核字(2009)第 226714 号

责任编辑：牛宇锋/责任校对：钟 洋
责任印制：赵 博/封面设计：耕者设计工作室

科学出版社 出版
北京东黄城根北街16号
邮政编码：100717
http://www.sciencep.com

北京凌奇印刷有限责任公司印刷
科学出版社发行 各地新华书店经销

*

2010年1月第 一 版 开本：B5(720×1000)
2025年1月第八次印刷 印张：10 1/4
字数：189 000

定价：**80.00 元**
（如有印装质量问题，我社负责调换）

中文版寄语

对于中国的读者能够使用本书，我由衷地感到高兴，并对在翻译方面作出努力的各位表示深深的谢意。

最近 10 年，计算机、手机等信息设备持续以令人瞠目结舌的势头不断发展和进化，并逐渐成为我们生活中必不可少的工具。目前，低温共烧陶瓷（low temperature cofired ceramics，LTCC)作为重要的电子部件被安装在这些信息设备当中，对于信息产业的发展作出了巨大的贡献。

从最初开始撰写原稿以来，为了使读者充分了解 LTCC，并在实际中加以活用，我们锐意致力于创作。本书面向从包括大学生在内的材料初学者到材料专业技术人员等广大读者，是一本网罗了从 LTCC 基础到材料技术、制造工艺的技术书籍。相信对于中国众多的技术人员而言，这将是一本有用的 LTCC 教科书。

如今，在 LTCC 领域存在着相当多的潜在价值，未来该领域将持续进行技术改良，对实现各种信息设备的小型化、高性能化不断作出贡献。我们热切期待本书的中文版能唤起中国的材料、电子部件、封装研发人员及技术人员对 LTCC 的兴趣与热情，并以本书中所述的内容为基础，在中国进行更高层次的技术革新，创造全新的 LTCC，为促进人们过上更幸福美满的生活而作出贡献。

通过本书，我获得了与中国的陶瓷技术人员、研究人员交流的机会，对此向参与出版的各位表示深切的谢意。

此外，欢迎读者畅言对本书的意见与建议。相信本书及本技术将因您的反馈而变得更加充实。

今中佳彦

2009 年 1 月 于神奈川县厚木市

中 文 版 序

近半个世纪以来，半导体集成技术成为对人类社会影响最为深远的重大技术创新之一。这一技术的迅猛发展使得人类进入了今天这个高度信息化的社会。目前，半导体集成技术仍以每18个月集成度翻一番(所谓的"摩尔定律")的速度向前发展。

然而，半导体器件仅仅是电子元器件的一部分(有源器件)，另一部分用量巨大、种类繁多、功能各异的元器件是无源元件。这些元件的核心材料是各类功能陶瓷材料。事实上，早在发明半导体之前，一些功能陶瓷材料，如高介电常数陶瓷、铁氧体等就已经被应用于一些电子元件。然而，与基于半导体技术的有源器件的飞速发展相比，基于功能陶瓷技术的无源元件的发展要缓慢得多。尽管世界各国的科学家和技术人员在无源元件的小型化方面进行了大量卓有成效的努力，但无源元件的集成化却一直是电子元器件技术发展的"瓶颈"。目前的整机系统中，无源元件和有源器件的比例达20：1至100：1，无源元件构成了整机产品中体积、重量和安装成本的主要部分。

近年来出现的低温共烧陶瓷(LTCC)技术有望打破这种局面，它使无源元件的集成成为可能，因此将对未来电子元件制造技术产生重要影响。LTCC技术是集互联、无源元件和封装于一体的多层陶瓷制造技术，其基本原理及技术特征是将多层陶瓷元件技术与多层电路图形技术相结合，利用低温烧结陶瓷与金属内导体在900℃以下共烧，在多层陶瓷内部形成无源元件和互联，制成模块化集成器件或三维陶瓷基多层电路。该技术为无源电子元件的集成和高密度、系统级电子封装提供了理想的平台。

LTCC技术的兴起引起了国内外产业界和学术界的高度关注。然而，由于作为前沿技术的高度敏感性和保密性，国际上在相当长的时间缺乏系统介绍这一技术的专著。值得庆幸的是，LTCC技术的重要开拓者之一、日本富士通公司的今中佳彦先生出版了这本资料翔实、内容丰富、文字简洁的《多层低温共烧陶瓷技术》，对相关领域的研究、开发和生产具有重要的参考价值。

本书由詹欣祥高级工程师和周济教授翻译成中文。相信中文版的出版将对我国LTCC技术产业发展和人才培养起到推动作用。

李龙土

中国工程院院士
清华大学材料科学与工程系教授
2009 年 10 月

译 者 序

新世纪初的几年，译者应邀参与了国内一企业的微波介质频率器件的开发工作。这期间，为了适应新的电子元器件时代来临对元器件所提出的小型化、多功能化和高频化的要求，实现无源器件多层化、多层器件片式化、片式元件集成化的目标，在探索的道路上与低温共烧陶瓷技术结下了不解之缘。译者深知这一技术在电子器件集成化、模组化进程中的作用和地位，因此在项目完成后，还断不了情结，随时关注着我国这一技术的发展。

2008年春天，有幸见到英文电子版《多层低温共烧陶瓷技术》一书，真是如获珍宝。这是目前世界上唯一一本系统论述低温共烧陶瓷技术的专著。本着此书对致力于结合早期低温共烧陶瓷技术原理而创新的工作将有所贡献的思考，译者产生了将此书翻译成中文的念头。在清华大学周济教授的热情鼓励和极力支持下，译者在古稀之年以"活到老，学到老"自勉，努力朝着"信、达、雅"的方向，开始了翻译工作。

低温共烧陶瓷技术是近年发展起来的令人瞩目的整合组件技术，目前已成为无源集成的主流。本书作者在20世纪80年代就参与了富士通大型计算机用低温共烧陶瓷基板的研究和开发，为这一技术的发展迈出了至关重要的一步。

材料、设计、设备是低温共烧陶瓷技术的三大关键，本书重笔论述了材料及制造工艺，并结合当前的研究，展望了低温共烧陶瓷技术的未来。书中给出了大量的技术开发工程图和技术数据，字里行间透露出作者丰富的经验。

本书蕴含着丰富的技术资源，可作为材料科学与工程专业的学生的参考教材，对从事工业制造、设计和陶瓷工程的技术人员也是一本不可多得的好书。

在本书的成书过程中，得到了许多专家、教授的支持和帮助，李龙土院士在百忙中为此书作序，译者在此一并致以衷心的感谢和崇高的敬意。

由于译者外语和专业水平有限，文中难免有疏漏和不足之处，衷心希望读者批评指正。

詹欣祥

2009年4月

序

近年来，随着移动网络系统应用的迅速扩大，低温共烧陶瓷(LTCC)技术作为一种极具吸引力的电子元器件和基板制造技术正推进着各种电子设备，如蜂窝电话、个人数字助理(PDA)和个人电脑等无线语音和数据传输系统的小型化、轻量化、高速和多功能化的进程。低温共烧陶瓷中用的电路配线材料是高频导损小、电阻低的 Cu、Ag 和 Au 金属材料，而且低温共烧陶瓷的介电损耗也比有机材料的介电损耗小。这就使低温共烧陶瓷特别适合高速数据通信所要求的高频电路应用。

20 世纪 80 年代期间，美国和日本的计算机和陶瓷材料制造商深入地进行了低温共烧陶瓷技术的研究和开发，为当今和未来通信技术迈出了至关重要的一步。当时富士通和 IBM 美国公司生产了用于大型计算机的铜电路图层的大面积多层陶瓷基板(满足富士通的 250mm×250mm 60 层的规格)。作者参与了这种基板的开发和生产。从制造的观点来看，当时的技术水平远高于目前低温共烧陶瓷产品的技术水平。这种基板是通过主机对制造参数进行极其精确的控制而生产的。

然而，对于这种高水平低温共烧陶瓷技术，当时并没有任何相关书籍出版，作者担心这种技术被遗忘。因此，为使其能够保存下来，作者对低温共烧陶瓷技术进行了系统总结，作为入门基础。本书给出了大量的上述富士通大型计算机用基板的技术开发工程图，并添加了理解本书所需的基本科学素材。

在日本，我们有一古老的中国古语："活到老，学到老"，那就是说，为了掌握新的知识和技术一直学到发白须长。梅开鲜二度，老树发新枝，低温共烧陶瓷技术的应用，就像流行音乐一样，将传播于全世界。作者希望，此书对致力于结合早期低温共烧陶瓷技术原理而创新的工作将有所贡献。

作者本人是一位从事低温共烧陶瓷技术研究和开发的工程师，目前从事另一新技术的开发。此书是初版，所及技术不一定完整，技术也在不断进步，以后再作修改和补充，使之成为更好的技术资源。

今中佳彦

日本　厚木市

2004 年 7 月 24 日

目　　录

第一部分　材 料 技 术

第二部分　工　艺　技　术

第1章 绪 论

随着当今移动电话的爆炸性增长，用移动电话作为无线终端设备来传输文本和图像数据的通信技术也持续不断地发展。同时，宽带和高频技术的各种应用也在不断涌现。800MHz、1.5GHz 和 2GHz 频率的移动电话也正在日益转向高频。无线局域网的蓝牙(2.45GHz)和电子公路收费系统(5.3GHz)等也已进入商业应用。2GHz 或更高的频率也在不断扩大应用[1,2]。10GHz 或更高频率的准毫米波也正在起步引入无线局域环路(WLL,20～30GHz)和汽车用的雷达中（50～140GHz)[3]。为了实现这种高频无线通信技术的进一步发展，系统方案与硬件技术的共同发展将在推动移动终端设备的多功能化、高性能化和超小型化的进程中发挥重要的作用。例如，配备有蓝牙、全球卫星定位系统和无线局域网等多功能的移动终端设备相继问市，为了遏制因此而增加的电路尺寸，迫切需要将各种高频功能和无源器件置入基板内部，而不是安置在它的表面。此外，为了开通高速数据通信，人们正期待着满足高频和宽带要求且高频损耗小的电子器件和基板的及早实现[4,5]。

由于低温共烧陶瓷(LTCC)易于与不同特性的材料相结合，这就有可能实现元件的集成和将不同特性的元件置入陶瓷内部。此外，将低损耗金属埋入低温共烧陶瓷中作为导体是可能的，和其他材料，如树脂等材料比较，陶瓷的高频介电损耗小，从而使其有可能制造低损耗的器件。另外，低温共烧陶瓷的热膨胀系数比树脂材料和其他陶瓷材料低，对于大规模集成电路器件的高密度封装，就有着极优良的内连可靠性的优点。由于这些原因，低温共烧陶瓷技术被认为在未来高频应用中，用做器件的集成和基板是极有希望的技术。

1.1 历史回顾

多层陶瓷基板技术源于 20 世纪 50 年代末期美国无线电(RCA)公司的开发，现行的基本工艺技术(用流延法的生片制造技术、过孔形成技术和多层叠层技术)在当时就已被应用[6~8]。其后，IBM 公司在这一技术领域居领先地位，该公司在 80 年代初商业化的主计算机的电路板(基板：33 层和 100 倒装芯片粘接大规模集成电路器件)是这一技术的产物[9~11]。因为这些多层基板是用氧化铝绝缘材料和导体材料(Mo、W、Mo-Mn)在 1600℃ 的高温下共烧的，故而称为高温共烧陶瓷(HTCC)，以区别于后来开发的低温共烧陶瓷。从 20 世纪 80 年代的中期开始，研究人员致力于提高大型计算机的速度，并把此作为提高大型计算机性能的关键，从而使高密度安装应用的多层陶瓷基板得到进一步改善。为了提高高密度安装电路板的配线密度，使用了精细的导线，结果线路电阻增大，信号被显著衰减。因此必须使用低电阻的材料（Cu、Au或者类似材料）配线。另外用倒装芯片的方法，直接连接裸露的大规集成电路器件时，如果基板的热膨胀不与硅器件的热膨胀（3.5×10^{-6}/℃）接近，就会导致互连线的不良连接。因此，具有低热膨胀（陶瓷）的绝缘材料是必不可少的。此外，为了实现信号的高速传输，必须保证陶瓷有低的介电常数。20世纪90年代初期，许多日本和美国的电子厂商和陶瓷厂商开发了满足上述要求的多层基板[12,13]（图1.1）。其中，富士通和IBM公司用铜布线材料和低介电常数陶瓷制造的多层基板首先成功地进入商业应用[14,15]。从20世纪90年代的后半期至今，移动通信设备（主要是移动电话）中应用的电子器件、模块等的主要应用已转向高频无线方面。对于以大规模集成电路器件的高密度安装为目的的多层电路板，陶瓷的低热膨胀是它的最大优点。而且，就高频通信应用而言，陶瓷的低传输损耗是其主要特点，陶瓷的低介电损耗优点使其胜过其他一切材料。

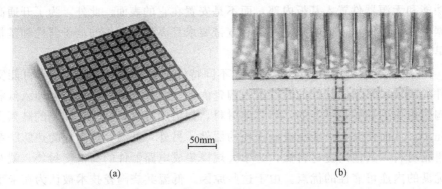

(a)　　　　　　　　　　　　　　　　　　　(b)

图1.1　（a）富士通生产的计算机主机用多层陶瓷电路板（尺寸：$245\mu m \times 245\mu m$，52层）和（b）电路板及内部铜导线的截面图（孔径：$80~\mu m$，导线线宽：$80\mu m$，行距：$100~\mu m$，每层电介质材料厚度：$200~\mu m$）

1.2　典型材料

顾名思义，低温共烧陶瓷是陶瓷和金属线在低温下一同烧成的，它的主要材料是金属和陶瓷。低温共烧陶瓷所用的金属是高电导材料（Ag、Cu、Au及其合金，如Ag-Pd、Ag-Pt、Au-Pt等）。如表1.1所示，它们的熔点都较低，约为1000℃。因为陶瓷材料要和金属一同共烧，精确控制温度在金属的熔点（900～1000℃）以下是非常必要的。为了保证在低温共烧条件下有高的烧结密度，通常在组分中添加无定形玻璃、晶化玻璃、低熔点氧化物等来促进烧结。图 1.2 所示的玻璃和陶瓷复合材料是一种典型的低温共烧陶瓷材料。除此之外，还有晶化玻璃，晶化玻璃和陶瓷的复合物及液相烧结陶瓷，都是众所周知的材料。

图 1.2　氧化铝含量* 为 20%（体积分数）的玻璃/氧化铝复合材料

复合材料的介电常数为 5.6，热膨胀系数为 3.5×10^{-6}/℃，热导率为 2.4W/(m・K)，弯曲强度为 200MPa

表 1.1　低温共烧陶瓷和高温共烧陶瓷主要材料比较

	陶　　瓷		导　　体	
	材　　料	烧结温度/℃	材料	熔点/℃
低温共烧陶瓷	玻璃/陶瓷复合物 结晶玻璃 结晶玻璃/陶瓷复合物 液相烧结陶瓷	900～1000	Cu	1083
			Au	1063
			Ag	960
			Ag-Pd	960～1555
			Ag-Pt	960～1186
高温共烧陶瓷	氧化铝陶瓷	1600～1800	Mo	2610
			W	3410
			Mo-Mn	1246～1500

1.3　主要制造过程

多层陶瓷基板的基本制造过程如图 1.3 所示[16]。首先，陶瓷粉末和有机黏结剂混合配成乳状料浆。用刮刀法将料浆流延成陶瓷薄片（生片），这种生片烧结前柔软如纸。生片各层间开有导电过孔，采用丝网印刷方法用导电糊膏将线路图

---

*　无特殊说明时，本书所指含量均为质量分数。

案印在生片上。印刷的生片按层排列，加热并施加压力，以实现叠层(生片中的树脂在叠层胶接时起到胶的作用)。导体金属和陶瓷一同煅烧，排出其中的有机胶，最终获得陶瓷基板。最重要的一点是，注意制造过程中最终产品的尺寸精度和材料质量的变化。同时，过程条件必须设定，以保证工件每一工序的微观和宏观结构是均质的。而且，叠层和共烧技术往往涉及两种以上不同介电特性的陶瓷片，电阻器的共烧形成过程就是众所周知的一例[17]。

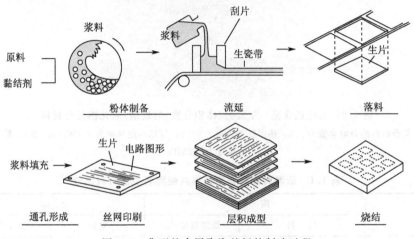

图 1.3　典型的多层陶瓷基板的制造过程

1.4　典型产品类型

图 1.4 示出了装有全球卫星定位系统的双波段移动电话的方框图。其传输过程如下：首先由数-模转换器将说话声音的模拟信号转换成数字信号，再用混合器将其与高频成分混合，此时整个频率被提高了。随后用表面波滤波器滤去噪声，再通过放大器将信号加强，最后由天线将信号发射出去。低温共烧陶瓷可以用来制作实现这一过程所需的分立器件，如耦合器(在功率放大器输出侧控制功率放大器的输出增益)、巴伦(转换平衡和不平衡阻抗的器件)。同样，低温共烧陶瓷也可用以制作图中所划分的电路模块(天线转换模块、前端模块和功率放大模块)。另外，低温共烧陶瓷还可用于表面波滤波器的封装。因此，有许多低温共烧陶瓷产品已进入高频移动通信终端设备的电路中。可以预期，电路图中虚线所划星罗棋布的器件也终将用低温共烧陶瓷模块。低温共烧陶瓷产品可分成三个类型，如表 1.2 所示，即分立器件、基板和封装及模块。所有类型的产品目前都在商业化的无线通信中得到应用。

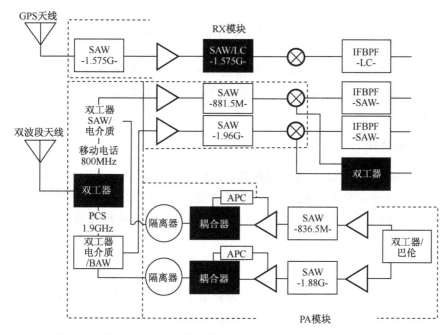

图 1.4 装有全球卫星定位系统的移动电话(CDMA，PCS)框架图

RX 模块：接收模块；SAW：表面波；BAW：体波；IFBPF：中频带通滤波器；PA 模块：功率放大器模块；PCS：个人通信业务；APC：自动功率控制

表 1.2 低温共烧陶瓷产品的分类

类 型	产 品
模 块	前端模块
	接收模块
	汽车电源控制(自动增益控制)耦合器模块
封装/基板	功率放大器(PA)模块
	表面波器件封装
表面贴装器件(SMD)	带通滤波器(BPF)
	低通滤波器(LPF)
	巴伦
	耦合器
	双工器
	天线

1.5　低温共烧陶瓷的特性

在集成无源器件方面，和印刷树脂板相比，低温共烧陶瓷有三大优势，即高频特性、热稳定性和电容量。在高频应用中，低温共烧陶瓷也非常适合制作集成基板和电子器件。

1.5.1　高频特性

高频传输损耗$(1/Q)$可用介电损耗$(1/Q_d)$和导体损耗$(1/Q_c)$的关系来表示，如图1.5(a)所示，介电损耗是传输线路中导体和地线之间所积累电荷的损耗，频率升高，使电流泄漏增大，导体中电流流动受阻。介电损耗通常以下面公式表示：

$$1/Q_d = \frac{20\pi \mathrm{loge}}{\lambda_g}\tan\delta = 2.73\frac{f}{C}\sqrt{\varepsilon_r}\tan\delta \quad (\mathrm{dB/m})$$

式中，λ_g为波长；f为频率；C为光速；ε_r为介电常数；$\tan\delta$为介电损耗角。

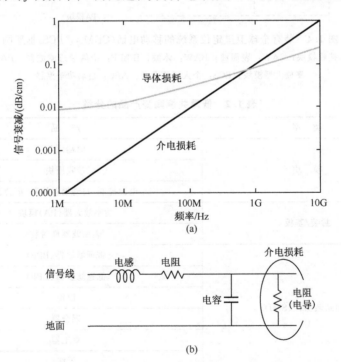

图1.5　(a)介电损耗和导体损耗的频率属性和(b)电路中的介电损耗

然而，导体损耗取决于导体的电阻(表面电阻)。当频率增高时，电流有集中于导体表面流动的倾向，并且沿导线径向方向存在一个深度（深度处电流密度降低为其表面值的 $1/e=0.37$），通常称为集肤深度，深度值与频率的方根成反比。表面电阻 R_s 是由集肤深度 d 和导体的电导率决定的，反比于电导率 σ 的方根，正比于频率的方根，公式如下：

$$R_s = \frac{1}{d\sigma} = \sqrt{\frac{\pi f \mu_0}{\sigma}} = \sqrt{\pi f \mu_0 \rho}$$

式中，f 为频率；μ_0 为真空磁导率；ρ 为导体电阻。

表 1.3　陶瓷材料和树脂材料介电特性的比较

材　料		介电常数（在 2GHz 时）	tanδ（Q 值）（在 2GHz 时）
陶　瓷	钠钙玻璃	6.8	0.01(95)
	硼硅玻璃	4.5	0.006(150)
	硅玻璃	3.8	0.00016(6000)
	氧化铝	9.0	0.0003(3000)
	低温共烧陶瓷（氧化铝硼硅玻璃）	5～8	0.005～0.0016(200～600)
有机材料	环氧树脂	3.1	0.03(30)
	FR4（环氧树脂＋60％ E 玻璃）	4.3	0.015(65)
	聚酰亚胺	3.7	0.0037(270)
	聚四氟乙烯（PTFE）	2.0	0.0005(2000)

图 1.5(a) 表明了介电损耗和导体损耗的频率属性，它表明了一个模型的结果，模型参数为，导体厚度：$30\mu m$，宽度：$8mil^*$（$203.2\mu m$），tanδ：0.02，ε_r：3.5，特性阻抗：50Ω。在 1kMHz 频率以下，导体损耗对信号衰减的影响比介电损耗的影响大。然而，在 1kMHz 频率以上，介电损耗的影响随着频率增高而增大。

如上所述，为了减小 1kMHz 频率以上的高频损耗，采用表 1.3 中列出的 tanδ 低的材料是有好处的。陶瓷材料的 tanδ 比树脂材料的 tanδ 小，而且，低温共烧陶瓷的 tanδ 是用以制作印刷电路板的 FR4 材料的 1/3。与树脂印刷电路板相比，低温共烧陶瓷更适合于高频应用。

1.5.2　热稳定性（低热膨胀，良好热阻）

在装配过程中，电路板和封装件要经受热应力，如安装在电路板上的大规模集成电路器件和安装其上的其他电子部件要经受回流焊过程，产品出厂前，要进行可靠性测试，这都关系到器件和电路板的连接，影响其连接可靠性。由于低温

---

　*　$1mil=10^{-3}L$。

共烧陶瓷的耐热性比树脂好,高温时有优良的产品可靠性。而且低温共烧陶瓷的热膨胀系数比树脂材料的热膨胀系数小(热膨胀系数:低温共烧陶瓷 $3 \times 10^{-6} \sim 4 \times 10^{-6}/℃$,FR4(环氧树脂 + E 玻璃)$16 \times 10^{-6} \sim 18 \times 10^{-6}/℃$,硅 $3.5 \times 10^{-6}/℃$)。低温共烧陶瓷有优良的耐热冲击特性,这就赋予它比树脂印刷电路板有较好的稳定性。典型的可靠性测试规范如下:

(1)压力蒸煮试验。温度:120℃,相对湿度:100%,测试时间:50h。

(2)热曝露试验。温度:150℃,测试时间:1000h。

(3)温度循环试验。-65℃到室温到125℃,试验循环:100。

1.5.3 无源元件集成

如果安置在基板上的许多无源器件都能够进入基板内部,连接这些无源器件的线路就能够缩短,基板本身也可以缩小,而且能够减小寄生电感,那么改善特性就得以实现。而且,由于新型基板上安装器件的自由空间增大,还能够安置更多其他的器件,这就使基板能增加更多的功能。

用这种制造方法,在生片形成过程中就很容易引入不同种类的材料。为了使低温共烧陶瓷具有多样的无源功能,可以用适当的不同材料来构成分层结构。为了在基板内埋入无源功能器件,将不同材料的生片进行叠层。在低温共烧陶瓷中实现集成,由于是嵌入层内,在设计时是相当自由的。而且,可以根据功能要求来选择特殊的专用材料。例如,如图 1.6(a)所示,无源功能可以整合在低温共烧陶瓷内,此时介电常数大约为 5 的低介材料层用做信号配线,使之能高速传输,介电常数大约为 15 的中介材料层用做滤波器,介电常数 1000 或更高的高介材料层用做消除信号噪声、电压补偿等[18,19]。另一方面,若用树脂印刷电路板,由于制造方法和工艺温度的限制,不可能在基板的内部层间引入高介电常数的材

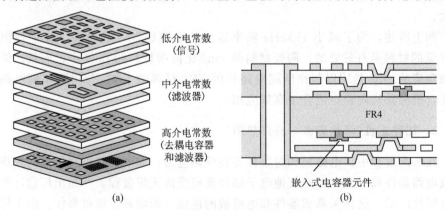

图 1.6 基板中嵌入的无源元件

(a)低温共烧陶瓷基板;(b)印刷树脂基板

料层。为此，提出了一种适用于低温工艺的方法，即器件安装在电路板上后，再在顶层形成一绝缘材料层，其组成为环氧树脂和高介电常数（介电常数大约为 50）的陶瓷颗粒的混合物[20~23]，如图 1.6（b）所示。然而由于材料类型和特性及内埋器件位置的限制，实现小型化的可能性远不及低温共烧陶瓷。

1.6　有关公司材料发展的趋势

表 1.4 和表 1.5 列出了有关公司 20 世纪 80 年代[24~29]和 2000 年[30]所生产的低温共烧陶瓷用介电陶瓷规格，表中横线为数据未知，Cu、Au、Ag 及其合金作为导体材料用在基板内部，各陶瓷的烧结温度均为 900~1000℃。正如 1.1 节所述，20 世纪 80 年代的低温共烧陶瓷是为工作频率为 300MHz 的大型计算机（当时是高性能的）的电路板用而开发的，是以在基板上由硅材料制造的裸面大规模集成芯片的高密度安装以获得高速度传输为目标，开发的陶瓷材料有较低的介电常数（信号传播速率一定要与光速，传输线周围材料的介电常数相适应）和热膨胀系数接近于硅的热膨胀系数的特性。在高频段，由于导体损耗是传输损耗的主要形式，对于介电损耗，开发时未做过多的考虑。但是，最近 1GHz 和较高的高频数字和模拟信号用做传输，各公司都在开发低介电损耗的材料，而且发展目标也转向研究提供多种介电常数的不同材料以实现的无源功能。同时，基于环境保护的考虑，玻璃和陶瓷成分的无铅化也在急切研究中。

表 1.4　相关公司 LTCC 的材料规格（1985~1990 年）[24~29]

低温共烧陶瓷供应商	产品（组成）	介电常数（ε）	电阻率/(Ω·cm)	热膨胀系数/(ppm*/℃)	热导率/(W/(m·K))	弯曲强度/MPa
Asahi Glass	Al_2O_3 35%＋镁橄榄石 25%＋BSG 40%	7.4	$>10^{14}$	5.9	4.2	235
京　瓷	BSG＋SiO_2＋Al_2O_3＋堇青石	5.0	$>10^{14}$	4.0	2	190
	结晶玻璃＋Al_2O_3	6.2	$>10^{14}$	4.2	3	210
杜　邦	Al_2O_3＋$CaZrO_3$＋玻璃	8.0	$>10^{12}$	7.9	4.5	200
住　友金属陶瓷	(CaO-Al_2O_3-SiO_2-Bi_2O_3)玻璃 60%＋ Al_2O_3 40%	7.7	$>10^{14}$	5.5	2.5	196
NEC	(PbO-BSG)玻璃 45%＋Al_2O_3 55%	7.8	$>10^{14}$	4.2	4.2	300
则　武	Al_2O_3＋镁橄榄石＋玻璃	7.4	$5×10^{16}$	7.6	8.4	140
日　立	BaO-Al_2O_3-BSG＋Al_2O_3＋$ZrSiO_4$	7.0	10^{13}	5.5	1.7	200

---

*　1ppm＝10^{-6}。

续表

低温共烧陶瓷供应商	产品(组成)	介电常数(ε)	电阻率/(Ω·cm)	热膨胀系数/(ppm/℃)	热导率/(W/(m·K))	弯曲强度/MPa
富士通	Al_2O_3 50%＋BSG50%	5.6	$>10^{14}$	4.0	4.0	200
松下	(PbO-BSG)玻璃 45%＋Al_2O_3 55%	7.4	$>10^{12}$	6.0	3.0	260
IBM	堇青石＋结晶玻璃	5.0	—		3.0	210
NGK	ZnO-MgO-Al_2O_3-SiO_2堇青石系统	5.0	$>5\times10^{15}$	3.0	3.0	200
太阳诱电	Al_2O_3-CaO-SiO_2-MgO-B_2O_3	7.0	$>10^{14}$	4.8	8.4	250
东芝	$BaSnB_2O_6$	8.5	2×10^{15}	5.4	5.4	200
村田	BaO-Al_2O_3-SiO_2	6.1	$>10^{14}$	8.0	2.0	200
参考	Si	—	10×10^{-6}	3.5	170	

表 1.5　相关公司 LTCC 的材料规格(2000)[30]

低温共烧陶瓷供应商	产品(组成)	介电常数(ε)	Q值(1/tanδ)	热膨胀系数/(ppm/℃)	热导率/(W/(m·K))	弯曲强度/MPa
村田	BAS(Celsian)	6.1	300(5GHz)	11.6	2.5	157
	CZS($CaOZrO_3$＋玻璃)	25.0	700(5GHz)	7.0	2.5	211
	—	60	700(5GHz)	—	—	—
NEC(玻璃粉供应)	MLS-25M (Al_2O_3-B_2O_3-SiO_2)	4.7	300(2.4GHz)	—	—	—
	MLS-1000 (PbO-Al_2O_3-SiO_2)	8.0	500(2.4GHz)	6.1	—	275
	MLS-41 (Nd_2O_5-TiO_2-SiO_2)	19.0	500(2.4GHz)			
	MLS-61	8.1	150	7.3		255
住友金属电子器件	LFC(CaO-Al_2O_3-SiO_2-B_2O_5＋Al_2O_3)	7.7	—	5.5		270

续表

低温共烧陶瓷供应商	产 品(组成)	介电常数(ε)	Q 值(1/tanδ)	热膨胀系数/(ppm/℃)	热导率/(W/(m·K))	弯曲强度/MPa
NEC 真空玻璃	GCS78	7.8	＞300(1MHz)	—	3.5	250
	GCS71	7.1	＞300(1MHz)	—	3.2	250
	GCS60	6.0	＞300(1MHz)	—	1.3	250
NGK	GC-11	7.9	200(3GHz)	6.3	3	240
京 瓷	G55	5.7	800(10GHz)	5.5	2.5	200
	GL660	9.5	300(10GHz)	6.2	1.3	200
松 下 Kotobuki	MKE-100	7.8	500(1MHz)	6.1	2.9	245
Niko	NL-Ag Ⅱ	7.8	＞300(1MHz)	5.2	3.6	294
	NL-Ag Ⅲ	7.1	＞300(1MHz)	5.5	3.5	294
丸 和	HA-995	9.7		8.1	29.3	400
杜 邦	951	7.8	300(3GHz)	5.8	3.0	
	943	7.8	500(＜40GHz)	—	—	
Ferro	A6M	5.9	500(3GHz)	7	—	
电子-科学研究室	41020-70C	7～8	200(1MHz)	7.4	2.5～3.5	—
哈里斯	CT700	7.5～7.9	450(1MHz)	6.7	4.3	240
	CT2000	9.1	1000(450MHz)	5.6	—	310

1.7 本书侧重点

由于低温共烧陶瓷是陶瓷绝缘材料、导体材料和其他材料的结合经许多工序后而最终达到共烧的，所以材料（包括诸如有机胶树脂和过程中所用的各种材料）和过程是相互依赖的。重要的是既要考虑材料和过程之间的相容性，又能保证满足特性要求的电路板和各种类型无源器件的实现。

各种材料都有其必需的特性，如要求陶瓷有低介电常数、低介电损耗、低热膨胀、高强度、高热导等，导体材料要有高的电导率。为了满足这些要求，必须控制颗粒尺寸、形状和粉料的纯度，以及材料的组成。此外，为了完成从成型、印刷、叠层直到陶瓷和导体烧结都有良好的结合和特性，特别重要的是给出周密的工艺条件。无论如何，过程中如果不同材料之间没有物理的或化学的结合，就必须返回先前的工艺条件。有时也许需要改变材料本身的组成。

例如，必须考虑陶瓷和铜线路之间的界面现象。如果陶瓷和铜材料之间的材料匹配和工艺条件不适当，各种宏观和微观裂纹就会产生。又例如在烧结过程中，界面上会产生微孔。产生微孔的可能原因是：①导体和陶瓷的烧结和收缩行为失配；②导体和陶瓷在叠层过程中黏着不足；③未分解树脂残余粉料在界面处气化；④导体和陶瓷之间通过化学反应形成的气体。在第①点原因的情况下，仅仅优化烧结工艺条件是不够的，有时为了改善导体和陶瓷的烧结收缩行为，也许需要改变各材料的粉料参数。对于第②点原因，需要改善前一工序的叠层条件，或者改变有机胶树脂，因为它在叠层时是起着各层胶结的作用。在第③点原因的情况下，需要调整烧结环境和升温制度以便于排胶，但是，必须小心使其不要影响其他材料（陶瓷和金属），如保证铜不被氧化。最要紧的是尽可能避免返回到起始材料，因为那样就要修订所有的中间过程条件，然而在某些情况下，陶瓷胶本身也许不得不改变。如果气孔是由于第④点原因所引起，那就不仅要考虑烧结过程，而且还要考虑材料的化学组成。

如上所述，低温共烧陶技术的材料和过程是相互关联的。本书分别描述各材料（陶瓷，导体和电阻器材料）和各过程的全面技术信息，并对相互关联的一些特例进行解释。另外，书中也包括一些有关材料方面的基础教科书类的内容。

参 考 文 献

[1] "Development of Ubiquitous Service Using Wireless Technology", NTT Technical Journal, No. 3 (2003), pp. 6-12.

[2] R. H. Katz, "Adaptation and Mobility in Wireless Information Systems", IEEE Personal Comm. 1st Quarter, (1994), pp. 6-17.

[3] K. Oida, "Action for Development of Frequency Resources", The Journal of the institute of Electronics, Information, and Communication Engineers, Vol. 71, No. 5, (1988), pp. 457-463.

[4] "Restructuring System on a Chip Strategy with Package Technology as the New Innovation", NIKKEI MICRODEVICES, No. 189, March (2001), pp. 113-132.

[5] "Activity Around Technology to Embed Devices Internally in PCB's Suddenly Increases", NIKKEI ELECTRONICS, No. 842, March 3(2003), pp. 57-64.

[6] H. Stetson, "Multilayer Ceramic Technology", Ceramics and Civilization, No. 3, Oct. (1987), pp. 307-322.

[7] W. J. Gyuvk, "Methods of Manufacturing Multilayered Monolithic Ceramic Bodies", U. S. Patent No. 3, 192, 086, June 1965.

[8] H. Stetson, "Methods of Making Multilayer Circuits", U. S. Patent No. 3, 189, 978, June 1965.

[9] B. Schwartz, "Microelectronics Packaging: II", Am. Ceram. Soc. Bull., Vol. 63, No. 4, (1984) pp. 577-581.

[10] A. J. Blodgett and D. R. Barbour, "Thermal Conduction Module: A High Performance Multilayer Ce-

ramic Package", IBM J. Res. Develop. , Vol. 26, No. 3 , May (1982), pp. 30.

[11] C. W. Ho, D. A. Chance, C. H. Bajorek and R. E. Acosta, "The Thin-Film Module and High Performance Semiconductor Package", IBM J. Res. Develop. , Vol. 26, No. 3 , May (1982), pp. 286-296.

[12] "Low-Temperature Fireable Multi-layer Ceramic Circuit Board", NIKKEI NEW MATERIALS, Aug. 3rd(1987), pp. 93-103.

[13] "High Performance and Low Cost Copper Paste", NIKKEI ELECTRONICS, Jan. (1983), pp. 97-114.

[14] R. R. Tummala, "Ceramics and Glass-Ceramic Packaging in the 1990s", J. Am. Ceram. Soc. , Vol. 74, No. 5, (1991), pp. 895-908.

[15] K. Niwa, E. Horikoshi and Y. Imanaka, "Recent Progress in Multilayer Ceramic Substrates," Ceramic Transactions Vol. 97, Multilayer Electronic Ceramic Devices (American Ceramic Society, Westerville, OH, 1999), pp. 171-182.

[16] N. Kamehara, Y. Imanaka and K. Niwa, "Multilayer Ceramic Circuit Board with Copper Conductor", Denshi Tokyo, No. 26, (1987), pp. 143-148.

[17] K. Utsumi, Y. Shimada, T. Ikeda, H. Takamizawa, S. Nagasako, S. Fujii and S. Nanamatsu, "Monolithic Multicomponent Ceramic (MMC) Substrate", NEC Res. & Develop. , No. 77, April (1985), pp. 1-12.

[18] H. Tsuneno, "Multilayer Technology of Circuit Board", Research and Development of Ceramic Devices and Material for Electronics (CMC, Tokyo, 2000), pp. 128-139.

[19] C. Makihara, M. Terasawa and H. Wada, "The Possibility of High Frequency Functional Ceramics Substrate", Ceramic Transactions Vol. 97, Multilayer Electronic Ceramic Devices(American Ceramic Society, Westerville, OH, 1999), pp. 215-226.

[20] P. Chahal, R. R. Tummala, M. G. Allen and M. Swaminathan, "A Novel Integrated Decoupling Capacitor for MCM-L Technology", Proceeding of 1996 Electronic Components and Technology Conference, (1996), pp. 125-132.

[21] V. Agarwal, P. Chahal, R. R. Tummala and M. G. Allen, "Improvements and Recent Advances in Nanocomposite Capacitors Using a Colloidal Technique", Proceeding of 1998 Electronic Components and Technology Conference, (1998), pp. 165-170.

[22] S. Ogitani, S. A. Bidstrup-Allen and P. Kohl, "An Investigation of Fundamental Factors Influencing the Permittivity of Composite for Embeded Capacitor", Proceeding of 1999 Electronic Components and Technology Conference, (1999), pp. 77-81.

[23] H. Windlass, P. M. Raj, S. K. Bhattacharya and R. R. Tummala, "Processing of Polymer-Ceramic Nanocomposites for System-on-Package Application", Proceeding of 2001 Electronic Components and Technology Conference, (2001), pp. 1201-1206.

[24] S. Nishigaki, S. Yano, S. Fukuta, M. Fukaya and T. Fuwa, "A New Multilayered Low-Temperature Fireable Ceramic Substrate", 85 International Symposium of Hybrid Microelectronics (ISHM) Proceeding , (1985), pp. 225-234.

[25] Y. Shimada, K. Utsumi, M. Suzuki, H. Takamizawa, M. Nitta and T. Watari, "Low Firing Temperature Multilayer Glass-Ceramic Substrate", IEEE Transaction on CHMT-6 (4), April (1983), pp. 382-388.

[26] T. Nishimura, S. Nakatani, S. Yuhaku, T. Ishida, "Co-Fireable Copper Multilayered Ceramic Substrate", IMC 1986 Proceedings, May (1986), pp. 249-271.

[27] H. Mandai, K. Sugoh, K. Tsukamoto, H. Tani, M. Murata, "A Low Temperature Cofired Multilayer Ceramic Substrate Containing Copper Conductors", IMC 1986 Proceedings, May, (1986), pp. 61-64.

[28] K. Niwa, N. Kamehara, K. Yokouchi and Y. Imanaka, "Multilayer Ceramic Circuit Board with a Copper Conductor", Advanced Ceramic Materials, Vol. 2, No. 4, Oct. (1987) pp. 832-835.

[29] S. Tosaka, S. Hirooka, N. Nishimura, K. Hoshi and N. Yamaoka, "Properties of a low temperature fired multilayer ceramic substrate", ISHM Proc. (1984), pp. 358.

[30] Advanced LTCC Technology 2001 (Navian, Nagoya, 2001).

第一部分 材料技术

第 2 章 陶瓷材料

2.1 导　　言

低温共烧陶瓷源于高温共烧陶瓷。为了实现低损耗、高速度和高密度封装的目的，低温共烧陶瓷取代了原有的高温共烧陶瓷。低温共烧陶瓷的材料性能比高温共烧陶瓷中的氧化铝的性能好。

低温共烧陶瓷的主要特性是采用低电阻率的金属 Cu、Au、Ag 及其合金作为线路导体，从而使导体的损失控制在较低的水平。如表 2.1 所示，所有低电阻率的金属，其熔点都在 1000℃左右。为了能和这些金属共烧，低温共烧陶瓷的烧结温度就必须低于 1000℃[1,2]。

表 2.1　导体材料的电阻率和熔点

金属	电阻率/($\mu\Omega \cdot$ cm)	熔点/℃
Cu	1.7	1083
Au	2.3	1063
Ag	1.6	960
Pd	10.3	1552
Pt	10.6	1769
Ni	6.9	1455
W	5.5	3410
Mo	5.6	2610

高频电路的损耗（Q 值的倒数）可用介电损耗和导体损耗的关系式表达（$1/Q_{总}=1/Q_c+1/Q_d$）。频率愈高，介电损耗 Q_d 比导体损耗 Q_c 的影响愈大[3,4]。因此要求陶瓷材料的介电损耗要小。

在高频电子器件的单片结构中，必须采用几种匹配电路功能而介电常数不同的陶瓷材料[5,6]。对传输线路来说，低介电常数有利于信号的高速传输（信号的传播延迟时间 T_{DP} 正比于介电常数的方根）。另一方面，介质中电磁波的波长反

比于介电常数的方根。所以制造小型的器件如滤波器等，采用高介电常数的材料
是有利的。当要形成退耦功能时，就必须引入高介电常数材料层。

　　除这些特性外，为了使器件在其使用环境中保持稳定的特性和可靠的内连，
要求陶瓷的热膨胀要小这一点是非常重要的(特别是，陶瓷的热膨胀系数必须接
近支撑器件的硅材料的热膨胀系数)。陶瓷应当有足够的强度经受制造过程中产
品装配和使用的压力。此外，陶瓷材料应当有很高的热导，以释放由安置其上的
大规模集成电路元件所产生的热量。为了满足这些要求，玻璃和陶瓷的复合材
料、晶化玻璃、晶化玻璃和陶瓷的复合材料，以及液相烧结陶瓷都正在研究和开
发中，如表 1.1 所示。作为液相烧结陶瓷的例子，化合物有 $BaSnB_2O_6$、$BaZr$
B_2O_6、$Ba(Cu_{1/2}W_{1/2})O_3$、Bi_2O_3-CuO 型、$Pb(Cu_{1/2}W_{1/2})O_3$、Bi_2O_3-Fe_2O_3 型、
PbO-Sb_2O_3、PbO-V_2O_5 型、$Pb_5Ge_3O_{11}$(熔点 738℃)、LiF、B_2O_3、Bi_2O_3、
$Pb_5Ge_{2.4}Si_{0.6}O_{11}$(熔点 750℃)、$Pb_2SiO_4$(熔点 750℃)、$Li_2Bi_2O_5$(熔点 700℃)
等，这些都是共知的烧结添加物，一般添加量都低于 10%[7~9]，但这都不是低
温共烧陶瓷的典型材料。

　　本章集中论述低温共烧陶瓷中最常用的玻璃和陶瓷复合材料(特别是氧化
铝)，介绍满足低温共烧陶瓷质量要求的材料开发的关键点——烧结温度、介电
常数、介电损耗、热膨胀、强度和热导。这些知识也能应用于高介电常数的低温
共烧陶瓷，只是其中氧化铝被钙钛矿氧化物所取代。

2.2　低温烧结

　　烧制玻璃和陶瓷复合材料时，选择玻璃材料是相当重要的，因为在黏性流动
机制中，玻璃的液相起着重要的作用。烧结期间复合材料中的陶瓷颗粒微弱溶解
于玻璃中，虽然其量极小，而使陶瓷颗粒不会长大。如图 2.1 所示，当设定的速
率改变时，对氧化铝和硼硅酸铅玻璃复合材料的收缩行为进行检测，有关这些材
料烧结行为的活化能，可用式(2.1)来进行计算。结果发现，硼硅酸铅玻璃的液
化是烧结的控速过程[10,11]。

$$\ln[Td(\Delta L/L_0)/dT] = \ln(1/nK_0^{1/n}) - 1/n\ln\alpha - Q/nRT \qquad (2.1)$$

式中，$\Delta L/L_0$ 为线性收缩速率；T 为热力学温度；α 为设定速率；Q 为烧结表观
活化能；R 为摩尔气体常数。

　　当烧结玻璃/陶瓷复合材料时，玻璃的液相是关键机制，玻璃渗入由陶瓷颗
粒形成的三维网孔结构，使陶瓷颗粒表面被熔化的玻璃湿润。因此，为了改善玻
璃/陶瓷复合材料的烧结密度，必须控制玻璃材料的软化点及其体积和粉料的颗

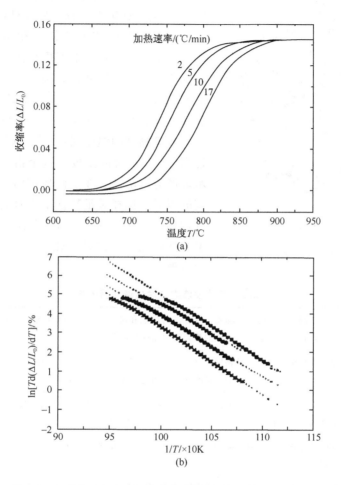

图 2.1　氧化铝/硼硅酸铅玻璃复合材料在不同加热速率下的
(a)线收缩率曲线图和(b)活化能曲线图[10,11]

粒尺寸，以增加它的流动性[12,13]。从改善烧结密度的观点来看，陶瓷有阻碍玻璃流动的作用，用大颗粒和比表面积小的陶瓷是有利的。由上述得知，决定玻璃特性的各种因素在低温烧结时起着重要的作用。

为了实现高密度烧结，下面叙述与之有关的玻璃的基本特性——流动性、晶化、发泡和反应。

2.2.1　玻璃的流动性

如图 2.2 所示，以 SiO_2 为基的无定形玻璃的一般结构是 Na_2O 修正的 Si-O

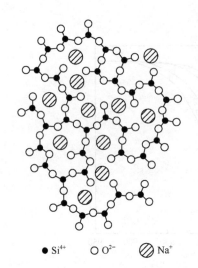

● Si⁴⁺ ○ O²⁻ ◎ Na⁺

图 2.2 钠硅酸盐玻璃结构示意图

网络，其中部分网络是断开的，形成非桥接氧[14]。组分氧化物一般分为组网氧化物，断网修正氧化物和能够形成任一类型的中间氧化物。由于修正氧化物的断网作用，这种玻璃有较低的软化点，流动性较高。表 2.2 详细列出了玻璃组成中主要氧化物对玻璃特性的影响。表 2.3 和图 2.3 列出了 Corning 商业玻璃的组成和玻璃黏度的温度属性[15]。软化点是指黏性达到 $10^{7.65}$ P* 时的温度，这个指标通常用来表示玻璃的流动性。在实际应用时，必须控制玻璃的组成，选择满足特性要求且有合适流动性的玻璃。总之，对于玻璃/陶瓷复合材料型低温共烧陶瓷，用的是软化点为 800℃ 的硼硅酸盐玻璃。

表 2.2 各种玻璃成分对玻璃质量的影响

SiO_2	形成玻璃网络结构的一种物质，具有高的熔点和高的黏度。如果玻璃中的硅含量很高，这种玻璃就有高的转变温度，低的热膨胀和优良的化学耐久性
B_2O_3	形成玻璃网络结构的一种物质。添加到石英玻璃的网络结构中，能减小黏度而对热膨胀和化学耐久性无任何负面影响。是耐热玻璃和化学玻璃器皿的成分之一
PbO	虽然它不形成网络结构，但能连接 SiO_4 四面体。通常用于有高介电常数、折射指数和比电阻特性的玻璃。由于易于还原，热处理必须在含氧的气氛中进行
Na_2O	一种改性氧化物。能显著降低软化点。而且，使热膨胀系数增大，离子电导率提高，降低化学耐久性
K_2O	一种改性氧化物。虽然和 Na_2O 有相同的作用，但 K 离子较大，因此不大稳定
Li_2O	一种改性氧化物。虽然和 Na_2O 有相同的作用，但 Li 离子较小，因此相当稳定。而且容易晶化
CaO	一种改性氧化物。能防止碱离子移动，因此，碱玻璃的比电阻和化学耐久性增加。而且，热处理温度范围变窄
MgO/ZnO	一种改性氧化物。和 CaO 有相同的作用(离子半径不同)
BaO	比 PbO 便宜，用以取代 PbO，有害程度低
Al_2O_3	一种中间氧化物。大小与 SiO_4 四面体不同，但在 AlO_4 四面体中，能够连接网络结构，有调节晶化的作用，而且能增加黏度，难以熔化

---

* $1P = 10^{-1} Pa \cdot s$。

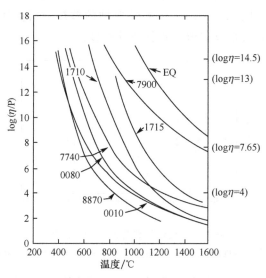

图 2.3　商业玻璃的温度属性和各种特性温度

应变点：$10^{14.5} P$；退火点：$10^{13} P$；软化点：$10^{7.65} P$；工作点：$10^4 P$

表 2.3　商业玻璃的组成　　　　　　　　　　（单位：%）

材料类型（Corning）	SiO_2	B_2O_3	Al_2O_3	Na_2O	K_2O	MgO	CaO	PbO
FQ（熔融硅）	99.8	—	—	—	—	—	—	—
Vycor7900	96	3	1	—	—	—	—	—
Pyrex7740	81	13	2	4	—	—	—	—
0080	72.6	0.8	1.7	15.2	—	3.6	4.6	—
0010	63	—	1	8	6	—	1	21
8870	35	—	—	—	7	—	—	58

2.2.2　玻璃的晶化

在低温共烧陶瓷的陶瓷材料中，有时要求玻璃中的晶体析出，以满足特性的要求，有时不要求玻璃中的晶体析出。不管哪一种情况，都应当充分了解玻璃的晶化，以便控制析晶。

玻璃中晶体的形成一般分为两种类型：同质成核和异质成核。同质成核是晶核在均匀的玻璃相中形成并析出晶体。另一方面，对于异质成核，则晶粒的析出和生长出现在为了形成晶核而引入玻璃的元素周围形成的晶核处，在玻璃中外来物质的表面，以及玻璃与其容器，如坩埚之间的接触表面和玻璃的表面。具有 TiO_2、ZrO_2 金属离子的晶化玻璃等引入玻璃系统中作为成核媒是异质成核的典型代表。对于异质成核,差热分析法(DTA)通常用来分析玻璃的晶化过程和检查晶体的析晶条件。图 2.4 示出了玻璃的典型的差热分析曲线[16]。根据图 2.4 所示的差热分析结果可估算玻璃的各种特性温度。

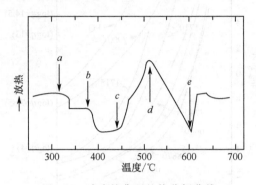

图 2.4　玻璃的典型差热分析曲线

a:玻璃转变温度;b:软化点;c:晶化温度;d:析晶峰;e:熔化温度

为了控制玻璃中析出晶体的微观结构,必须了解成核温度和核化速度及晶体生长温度及其生长速度。如图 2.5 所示,核化速度 I 和晶体成长速度 U 与温度的关系呈现高斯分布,在一个特殊温度下,达到其最大速度。在图 2.5(a)所示的情况下,核化峰值温度和晶体生长峰值温度之间有大的差别。并且,因为两者速度都不高,在晶体生长温度达到之前,玻璃中形成的晶核消失,以至玻璃呈现透明化。另一方面,在图 2.5(b)所示的情况下,I 和 U 很接近,在产生许多晶核的温度范围内,晶体生长速度高,在玻璃矩阵中晶体易于形成。为了析出许多晶体,正在试验的一种方法是在核化速度达到产生许多晶核的温度下,首先进行热处理以后,再用一个维持高晶体生长速度 T_U 的加热表定速度进行热处理。

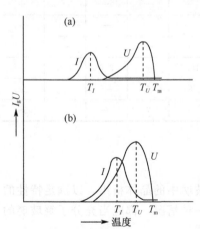

图 2.5　核化速度 I 和晶体生长速度 U 的温度属性[17]

(a) 容易发生玻化;(b) 容易形成晶体

核化温度是这样确定的,即用差热分析方法预先测量各玻璃在不同温度下热处理时晶化放热曲线峰值温度(图 2.6(a)),再根据未进行热处理的玻璃的晶化温度的温差计算核化速度。下面是界定进行预热处理时晶化放热曲线峰值温度漂移和核化速度之间关系的详细计算方法。

晶核形成和晶体生长过程动力学可以用 Johnson-Mehl-Avrami (JMA)方程式来表达:

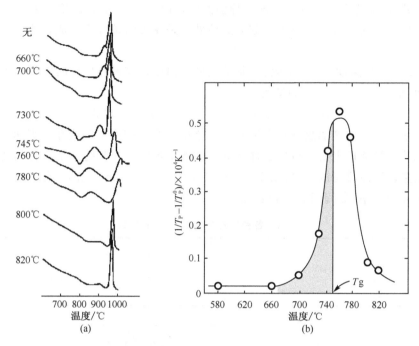

图 2.6　未热处理及在不同温度下热处理 8h 的玻璃样品[18]
(a)差热分析曲线；(b)热处理温度同形核速率关系曲线

$$-\ln(1-x) = (kt)^n \tag{2.2}$$

式中，x 为晶体的体积分数

$$k = An\exp(-E/RT) \tag{2.3}$$

其中，A 为常数，E 为晶体生长的活化能。$N = N_r + N_0/\alpha$，N_r 是热处理时在核化温度所形成的单位体积内晶核的数量，N_0/α 是以 α 速度升温期间所形成的单位体积内晶核的数量。

如果以恒定的程序速率 α 升温，由于 k 随温度或时间而变化，方程式(2.2)可表达为

$$-\ln(1-x) = \left[1/\alpha\int K(T)\mathrm{d}T\right]^n \tag{2.4}$$

如果用式(2.4)代替式(2.3)并建立积分，且采用对数形式表示，就获得如下方程式：

$$(1/n)\ln[-\ln(1-x)] = \ln(N_r + N_0/\alpha) - \ln\alpha - 1.052E/RT + 常数 \tag{2.5}$$

假设热差分析放热曲线峰值温度为 T_P。对于未处理的样品，$N_r = 0$；快速升温，由于热处理样品中 $N_r/N_0 \gg 1$，方程式(2.5)可以写为

$$\ln N_r = 1.05(E/R)(1/T_P - 1/T_P^0) + 常数 \tag{2.6}$$

式中，T_P^0 是未处理样品的放热曲线峰值温度，而 T_P 是在成核温度热处理后样品的热差分析放热曲线峰值温度。如果成核处理是在等温条件下完成，那么

$$N_r = It^b$$

式中，I 是成核速度；b 是常数；t 是等温处理温度。如果热处理时间以一个恒定的时间 $N_r = It^b$ 代入式(2.6)即得

$$\ln I = 1.052(E/R)(1/T_P - 1/T_P^0) + 常数$$

这样一来，核化速度的热处理温度属性能够用 $1/T_P - 1/T_P^0$ 的变化来表达。

　　此外，晶体析出机制可以这样建立，即测量不同温度和时间下进行热处理时的结晶量，按照改写的 JAM 方程 $\ln\{\ln[1/(1-x)]\} = n\ln k + n\ln t$ 绘出图形，求得曲线 n 的斜率(参阅图 2.7 和表 2.4)[19,20]。

表 2.4　各种形式析晶的 Avrami 指数

	扩散控制	界面控制
三维	1.5	3.0
二维	1.0	2.0
一维	0.5	1.0

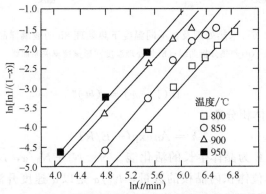

图 2.7　在 800～950℃温度范围内热处理的玻璃在析晶过程中
$\ln[\ln 1/(1-x)]$ 与 $n\ln t$ 关系图[19,20]

　　晶体生长速度可通过电子显微镜观察在不同温度和时间条件下玻璃中析出晶体的直径而得知，并将结果绘于曲线图。此外，通过作出在各个热处理温度下晶体生长速度常数的阿累尼乌斯(Arrhenius)图，就能够计算活化能，并推定反应的控速步骤。

2.2.3　玻璃的起泡

　　低温共烧陶瓷中所观察到的内部微孔的形成，有时是因为烧结不足所引起的，有时是因烧结过度而引起材料内部产生气体所引起的。图 2.8 示出了玻璃/氧化铝

复合材料材料的微观结构。在 800℃下烧结不足样品中所观察到的气孔呈尖角形（图 2.8(a)），随着烧结温度的提高，气孔呈圆弧形（图 2.8(b)）。在 1100℃过分烧结材料中的气孔呈球形（图 2.8(c)）。这种球形气孔的起因有两种可能：①烧结时样品表面首先烧结，并在样品表面形成一烧结良好的烧结膜，当在高温时，材料中气体释放或残余的有机胶排出时，就会形成气孔；②溶解于低温共烧陶瓷用的玻璃原料粉中的气体在高温时释放而产生气孔。当玻璃熔融时，H_2BO_3、Na_2CO_3、Na_2SO_4、$NaNO_3$ 等材料会分解，释放出大量的气体，如 CO_2、SO_2 等[22~25]。这些气体大部分被排出，然而，有些却形成气泡残留于玻璃中或溶解于熔融玻璃中。为了防止起泡，重要的是检查玻璃粉料，使用气体含量小的玻璃（需要小心一些商用玻璃粉含有废弃的玻璃产品粉末）。另外，减少烧结过程中玻璃易于起泡的温度范围内的时间，这对于控制玻璃的起泡是有效的。

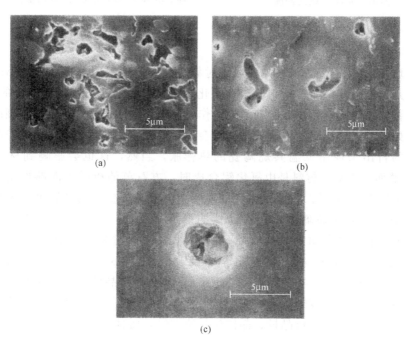

图 2.8　不同温度烧结的玻璃/氧化铝复合物的显微结构[21]

(a)800 ℃；(b)900℃；(c)1100℃

图 2.9 示出了玻璃/氧化铝复合材料在低于最终烧结温度（1000℃）的温度（950℃）下煅烧和保温时间不同时烧结密度的研究结果。采用保温的样品，其烧结密度突然下降。虽然在陶瓷的表面没有观察到气孔，但在陶瓷的内部能够见到许多上述类似玻璃起泡的球状气孔（图 2.10）。这些结果表明，气体引发了材料内部球形空孔的形成。

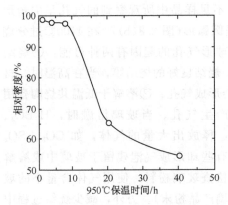

图 2.9　玻璃/氧化铝复合材料在 950 ℃保温不同时间的烧结密度

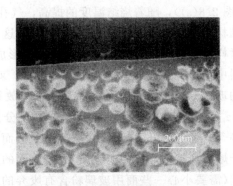

图 2.10　玻璃/氧化铝复合材料在 950 ℃热处理 20h 和 1000℃热处理 5h 的显微结构

2.2.4　玻璃与氧化铝之间的反应

在玻璃/氧化铝复合材料中，煅烧时氧化铝在玻璃中的溶解量是很小的，可是，就是这个小量，能够抑制玻璃的晶化，或在一些情况下，促进玻璃的晶化。这在改善和控制不同特性时起着重要的作用。例如，如果将简单基板的硼硅玻璃进行热处理，大热膨胀的方石英晶体就会析出。因此，这就有可能通过控制方石英晶体的析出来控制低温共烧陶瓷的热膨胀，当然，这也会影响到材料的密度[26]。然而，当复合材料是由氧化铝合成时，方石英的析晶是能够抑制的，能够获得无定形玻璃矩阵复合材料（图 2.11）[27]。方石英析晶的抑制可认为是由于氧化铝颗粒分散在玻璃中，阻碍晶核的形成。而且，对氧化铝/（CaO-Al$_2$O$_3$-SiO$_2$-B$_2$O$_3$）玻璃复合材料而言，由于氧化铝在烧结时分散在玻璃中，钙长石（CaO · Al$_2$O$_3$ · 2SiO$_2$）在玻璃中析晶，导致材料的机械强度增加[28]。陶瓷是以极其精密为目标的，而在烧结期间要析出晶体（包括结晶玻璃型低温共烧陶瓷），由于基质玻璃相的黏度随着晶体的析出而发生变化，这就需要严格控制影响精度的参数和收缩行为，如析晶量、晶体生长速度等，而且要有良好的烧结重复性。

此外，如果基板烧结时产生变形，因为烧结后陶瓷中残留玻璃相的量与烧结时的量不同，表观软化点较高，和玻璃/陶瓷复合材料类型不同，变形不容易用复烧来纠正，必须相当精确地控制烧结过程的处理条件。如果低温共烧陶瓷是用于内部形成精细电路的电路板，由于电路的尺寸是很重要的。由无定形玻璃和陶瓷复合材料构成的低温共烧陶瓷，由于其简单的烧结密致过程，从收缩尺寸控制的观点来看是有利的。

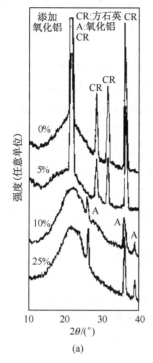

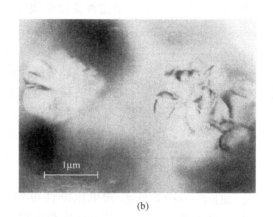

(a)　　　　　　　　　　　　　　　(b)

图 2.11　(a)不同氧化铝含量的玻璃/氧化铝复合材料的 X 射线衍射结果和
(b)玻璃中析出的方石英

2.3　介 电 特 性

2.3.1　介电常数

由于低温共烧陶瓷主要是玻璃和晶体的复合材料结构，控制它们的介电常数主要是依赖组分材料所形成的复合体及其材料组成(组分材料的体积分数)。另外，组分材料本身(特别是玻璃材料)的介电常数对低温共烧陶瓷的介电常数也有极大的影响。

材料本身的介电常数依赖于有关极化率的电子或离子的贡献及其偶极子的取向。极化率 $N\alpha$ 和每一单位体积的相对电容率 ε 有如下关系：

$$N\alpha/3\varepsilon_0 = (\varepsilon - 1)/(\varepsilon + 2)$$

式中，N 为每一单位体积分子的数量；α 为分子极化率；ε 为相对电容率。

电介质的总极化率可表达为各分极化率之和：

$$\alpha = \alpha_e + \alpha_i + \alpha_r + \alpha_s$$

式中，α_e 为电子极化率；α_i 为离子极化率；α_r 为取向(偶极子取向)极化率；α_s 为空间电荷极化率。

电子极化是在电场作用下负电子云的重心相对于原子核偏移而产生的极化。在玻璃结构中，电子极化的极化率有如下关系：离子半径愈大，负电荷愈多和电荷数值愈大，其极化率愈高。其排序如下：$Ba^{2+} > Sr^{2+} > Ca^{2+} > Mg^{2+}$，$O^{2-} > F^- > Na^+ > Mg^{2+} > Al^{3+} > Si^{4+}$。离子极化是在电场的作用下玻璃中的正离子相对于负离子的位移而产生的。偶极子的取向与玻璃中改性离子与非桥接氧形成的偶极子有关。当一个电场施加在玻璃上时，改性离子跳过在附近形成的能量阻挡层，沿电场的方向移动。如果电场中这种变化慢的话，离子跳过高能阻挡层移动一长的距离。可是，当电场中这种变化很快时，它们跳过低能阻挡层，移动不远

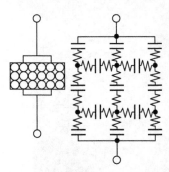

图 2.12 阻挡层型介质的微观结构模型及其等效电路

的距离。包括含碱金属离子和 OH^- 的玻璃中，偶极子的取向是很大的。空间电荷极化是积聚在电极附近、材料内部的粒界和不同材料的界面上的没有中和的移动电荷的极化。从外电路来看，似乎电容有所增大。在利用空间电荷方面存在多种技术，可以使介电常数提高。图 2.12 通过对基本介质颗粒本身的还原处理和价态调控，使之形成半导体，其表观介电常数增大，同时赋予颗粒边界绝缘性能，耐电压特性得到改善[29]。相反，在具有优良绝缘的介电颗粒所构成的结构中，在粒界相中形成了一种具有高导电性的物质[30]。

复合材料中介电常数是由组分材料的介电常数和体积分数及材料组分的合成形式所决定的[31]。表 2.5 列出了组分材料合成形式的四种不同混合规则模型。低温共烧陶瓷技术中的陶瓷是陶瓷颗粒分散在玻璃矩阵中的类型，属麦克斯韦模型。为了获得低的介电常数材料，引入相对介电常数为 1 的空气相作为组分材料，例如在烧结过程中形成的多孔陶瓷作为组分材料。

表 2.5 复合材料的有效介电常数混合规则

复合类型	等　式	复合材料结构模型
并联	$E = V_1\varepsilon_1 + V_2\varepsilon_2$	复合成分材料平行于电场排列
串联	$1/\varepsilon = V_1/\varepsilon_1 + V_2/\varepsilon_2$	复合成分材料与电场串联排列
对数	$\ln\varepsilon = V_1\ln\varepsilon_1 + V_2\ln\varepsilon_2$	复合成分材料随机排列（经验规则）
麦克斯韦	$\varepsilon = \{V_2\varepsilon_2 \ [2/3 + (\varepsilon_1/3\varepsilon_2)] + V_1\varepsilon_1\} / \{V_2 \ [2/3 (\varepsilon_1/3\varepsilon_2)] + V_1\}$	球形相分布在矩阵中（0-3 连通性）

注：ε：复合材料的介电常数；ε_1：成分材料 1 的介电常数；ε_2：成分材料 2 的介电常数；V_1：成分材料 1 的体积分数；V_2：成分材料 2 的体积分数。

2.3.2 介电损耗

当一个交变电压施加在不包括电介质的电容器上时，由于电流的相位在电压

前 90°，功率损失不会发生。然而，当一个电场施加在包括电介质的电容器上时，在电场的电位移中存在一个相移，一部分电能在电介质中转变成热量。介质损耗是在电场作用下，由于介质电导和介质极化的滞后效应，在其内部引起的能量损耗(图 2.13)。这种损耗的大小用电介质内流过的电流相量和电压相量之间的夹角(功率因数角 ϕ)的余角(δ)正切来表达，即 $\tan\delta = I''/I'$。

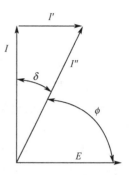

图 2.13　电流和电压的相位关系

为了减少低温共烧陶瓷的介电损耗，和介电常数一样，有效的方法是制造时使用低介电损耗材料，增加组分中低介电损耗材料的比例，要求各组分材料的介电损耗尽量小。玻璃是低温共烧陶瓷的组分材料之一，它具有大的介电损耗，下面四种介电损耗机制是众所周知的：①通过电气传导的传导损耗；②在电场的作用下，当碱离子 OH^- 等离子进行相邻位置之间的互换时所产生的偶极子弛豫损耗；③在电场的作用下，偶极子立即发生转向，玻璃的网络结构产生畸变的畸变损耗；④当在由大量结构离子和周围的化学键强度所决定的固有振荡频率下而存在谐振时产生的离子振动损耗。在碱金属玻璃中，如果碱金属离子被半径大的离子，如钡等所取代，由于离子的迁移受到阻碍，损耗能够减小[32~34]。

微波频带中的介电特性取决于离子极化和电子极化，而通过电子极化的介电损耗很小，可以忽略不计。下列方程式通过离子极化得出一维格子振动模型(实质上可延伸到三维离子晶体)：

$$\tan\delta = (\gamma/\omega_T^2)\omega$$

式中，ω_T 为格子振动横波光学模式的谐振角频；γ 为衰减常数；ω 为角频。

当有格子缺陷存在时，杂质和粒界是 γ 增加的因素，有效的方法是用高纯度的原材料来达到低介电损耗，微观结构的目标是毫无杂质，无内部微观和宏观缺陷，其结构示于图 2.14[35]。

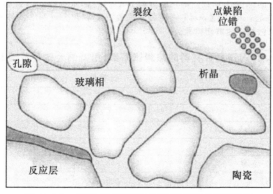

图 2.14　低温共烧陶瓷中的微观和宏观缺陷

2.4　热　膨　胀

表 2.6 列出了有关复合材料热膨胀系数的几种混合规则。通过用这些等式估算材料的热膨胀，并控制材料的组成和化合式，就可能得到接近所要求的值。

简单混合模型只是计算混合比例的等式，而特纳型则考虑了邻近相等方应力的影响，科奈型则包含了矩阵中等方分布的球形相界的剪切作用，示出了特纳型和简单型之间的热膨胀系数值。表 2.7 列出了用不同陶瓷的玻璃/陶瓷复合材料的特纳等式计算值和实际测量值[36,37]，预测值和实际测量值之间存在差异的类型中，确定其原因为第二晶相(方石英)的析出。当复合材料中玻璃结晶时，相转变温度在 $100 \sim 200℃$ 之间时，会形成方石英，此时热膨胀显著改变(图 2.15)[38,39]。在基板的装配过程中，需要加热到 $200℃$ 左右，热膨胀的极度变化，使安装器件的内连产生连接失效，损害产品的可靠性。图 2.16 列出了玻璃/氧化铝复合材料在氧化铝的量和烧结温度改变时的玻璃相的相形成。当氧化铝的加入量小和烧结温度低时，方石英晶体在玻璃相中析出，当氧化铝的加入量大和烧结温度高时，析出莫来石晶体。在余下的很宽的组成和烧结温度范围内，玻璃相是无定形的，玻璃/氧化铝复合材料是稳定的，方石英晶体被抑制，因此可以证明，玻璃/氧化铝复合材料的热膨胀系数是可以控制的。除表 2.7 中所列出的添加物以外，尖晶石($Al_2O_3 \cdot MgO$)所含成分 Al_2O_3 也认为是抑制方石英晶体形成的添加剂[40]。

表 2.6　复合材料热膨胀系数的混合规则

简单混合规则	$\alpha = \alpha_1 V_1 + \alpha_2 V_2$
特纳等式	$\alpha = (\alpha_1 V_1 K_1 + \alpha_2 V_2 K_2)/(V_1 K_1 + V_2 K_2)$
科奈等式	$\alpha = \alpha_1 + V_2(\alpha_1 - \alpha_2)\left[K_1(3K_2 + 4G_1)^2 + (K_2 - K_1)(16G_1^2 + 12K_2 G_2)\right]/(4G_1 + 3K_2)\left[4V_2 G_1(K_2 - K_1) + 3K_2 K_1 + 4G_1 K_1\right]$

注：α_1：组分材料 1 的热膨胀系数；α_2：组分材料 2 的热膨胀系数；V_1：组分材料 1 的体积分数；V_2：组分材料 2 的体积分数；K_1：组分材料 1 的体积模数；K_2：组分材料 2 的体积模数；G_1：组分材料 1 的剪切模数；G_2：组分材料 2 的剪切模数。

表 2.7　各种玻璃/陶瓷复合材料的热膨胀系数(用特纳公式计算值和实际测量值)

材料类型	计算值	测量值
氧化铝(Al_2O_3)-玻璃	4.6	4.0
氮化铝(AlN)-玻璃	3.6	3.5
莫来石($3Al_2O_3 \cdot 2SiO_2$)-玻璃	4.8	3.9
镁橄榄石($2MgO \cdot SiO_2$)-玻璃	5.7	18.2
滑石($MgO \cdot SiO_2$)-玻璃	4.6	17.4
氧化镁(MgO)-玻璃	5.7	18.3
氮化硅(Si_3N_4)-玻璃	3.1	17.1

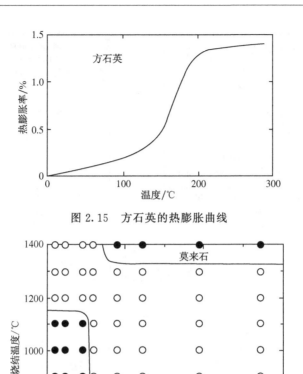

图 2.15　方石英的热膨胀曲线

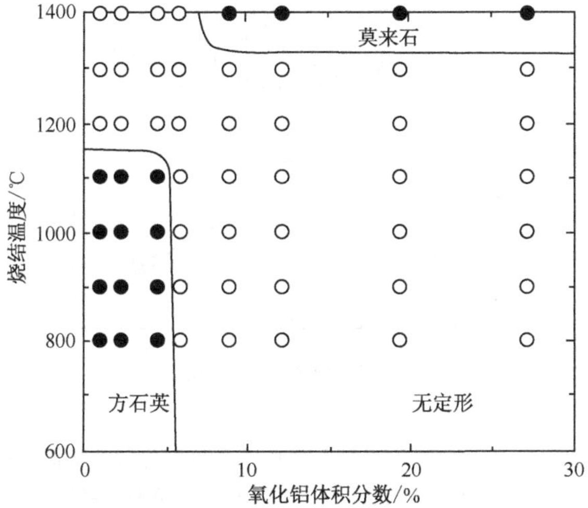

图 2.16　玻璃/氧化铝复合材料的相组成与成分及烧结温度的关系

2.5　机　械　强　度

在分散有陶瓷颗粒的玻璃/陶瓷复合材料中，机械强度依照以下三点而改变：① 组成(陶瓷的含量)；②气孔率；③ 陶瓷的粒径。图 2.17 表明了玻璃/陶瓷复合材料各参数变化时的弯曲强度。当组成是参量时，按照简单的混合法则可以看出，强度随氧化铝含量的增加而提高[41]。气孔和强度之间的关系完全符合由 Ryskewitsch 提出的如下等式：$\sigma = \sigma_0 \exp(-np)$ (n 为常数；p 为气孔率；σ_0 为 $p=0$ 时的强度)，强度可用此式估算[42]。玻璃/陶瓷复合材料的分散粒子直径 (d)改变得接近匹配欧万和豪-佩奇关系($\sigma \propto d^{1/2}$)时[43,44]，弯曲强度可以提高，用具有精细颗粒直径的氧化铝可以得到弯曲强度较强的陶瓷。玻璃/陶瓷复合材料中用较细的陶瓷颗粒实现高强度是由于它们的通过分散产生的裂纹和使裂纹形

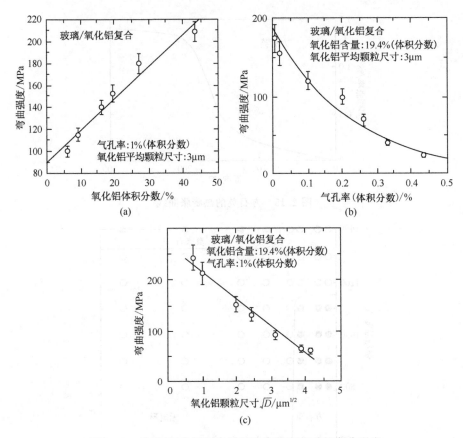

图 2.17　玻璃/氧化铝复合材料在参数变化时的弯曲强度

(a)组成(陶瓷的量)；(b)气孔；(c)分散颗粒的直径

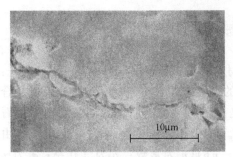

图 2.18　玻璃/氧化铝复合材料
中裂纹的扩展

成复杂歪曲形状(扩展和偏转裂纹)而消耗掉裂纹传输所需要的能量(图 2.18)。用下列的参数管理，能够控制玻璃/陶瓷复合材料本身的强度。

2.5.1　玻璃相的强化

为了强化玻璃/陶瓷复合材料，有效的方法是强化弱玻璃相。强化玻璃相有两种人们熟知的方法：①结晶玻璃法；②离子交换强化法。

结晶玻璃法是使具有低热膨胀的晶体在压应力的作用下而在无定形玻璃矩阵中析出。具体有两种方法：一种是用容易晶化的玻璃材料；另一种是在烧结过程中促进氧化铝和玻璃之间反应而析出晶体。

　　离子交换强化的方法如表 2.8 所示,玻璃沉浸在含有钾离子的熔盐中,并通过引入较多的钾离子进入玻璃表面钠离子的地方,玻璃网络扩展,由于压应力致使强度增大(图 2.19 强化原理[45,46])。

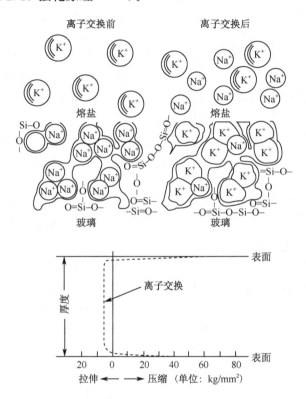

图 2.19　由于 $Na^+ \rightarrow K^+$ 交换导致玻璃增强原理图

表 2.8　各种钾盐的物理性质

钾盐	钾含量/%	熔点/℃	水溶液
KNO_3	83	330	中性
KCl	52	776	中性
K_2SO_4	65	1067	中性
K_3PO_4	55	1340	碱性
K_2HPO_4	45	807	碱性
K_2CO_3	57	891	碱性
KOH	70	360	碱性

　　当硼硅玻璃/氧化铝复合材料在 400℃浸 30h,如图 2.20 所示。结果发现,钾透过表面渗入 $100\mu m$ 深度,弯曲强度能改善 50%以上(未处理:150MPa;离子交换后:230MPa)。

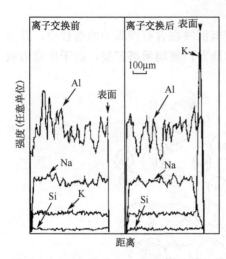

图 2.20　玻璃/氧化铝复合材料离子交换
处理前后横截面的电子探针微量分析结果
（在 400℃KNO₃溶液中沉浸 30h）

陶瓷的强度容易发生变化，为了评价这种变化，通常应用威布尔模数分析，威布尔模数建立如下。

当样品破坏时，所有样品的失效可能性 P_s 和应力 σ 之间的关系如下[47]：

$$P_s = \exp\{-V[(\sigma - \sigma_u)/\sigma_0]^m\}$$

式中，σ_u 为不产生破坏的应力（通常为零）；σ_0 为正常化常数；m 为威布尔模数。

如果对上述方程取双对数

$$\ln[\ln(1/P_s)] = \ln V + m\ln(\sigma - \sigma_n) - m\ln\sigma_0$$

通过绘制方程的威布尔模数表，并找到直线的斜率，就可得到威布尔模数。

对全部试样测得约 N 个强度值，并进行从大到小排列，i 的破坏定义为 $P_s = 1 - i/(N+1)$。威布尔模数大（威布尔图上斜率大）的材料，其强度变化小。

就低温共烧陶瓷器件而言，玻璃/陶瓷复合材料本身是不单独使用的，而是与各层中的布线及层间的过孔导体一同形成。从宏观的角度来看，可以将其定性为布线金属和陶瓷共同形成的复合材料。基于这个原因，为了提高低温共烧陶瓷的整体强度，有效的方法是减少金属/陶瓷界面的微观和宏观缺陷。预测和改善强度，可借鉴下面纤维增强树脂材料的方程[48]：

$$E_c = E_f V_f + E_m(1 - V_f)　　（对于约束应变）$$
$$1/E_c = V_f E_f + (1 - V_f)E_m　　（对于约束应力）$$

式中，E_c 为复合材料模量；E_f 为纤维模量；E_m 为矩阵模量；V_f 为纤维体积分数。

图 2.21 示出了叠层时为了改变机械性能而将环氧树脂/碳纤维复合材料叠层中碳纤维排列角度改变的一例。不过，如果我们考虑使用该低温共烧陶瓷布线代替碳纤维，可以通过一定角度的布线来改善整个低温共烧陶瓷的机械性能。但是，在丝网印刷斜线方面仍存在一些问题，有待于进一步在技术上进行改进。

2.5.2　耐热冲击

当加热材料时，高温侧的热膨胀大于低温侧的热膨胀，受热表面的压缩应力作用于低温侧材料的内部而产生应力。反之，当冷却时，对表面造成拉伸应力。这样，当加热和冷却材料时，热应力（压缩和拉伸应力）都会产生。由于陶瓷的压缩强度显著比拉伸强度大，裂纹就从有拉伸应力存在的地方的最弱部位开始产生。耐热冲击系数，是表示热应力 σ 和耐热冲击性能的一个指标，用下列等式表达[49,50]：

$$\sigma = E\alpha \Delta T / (1 - \mu)$$

式中，μ 为泊松比；E 为弹性模量；ΔT 为温差$(T - T_0)$；α 为热膨胀系数。

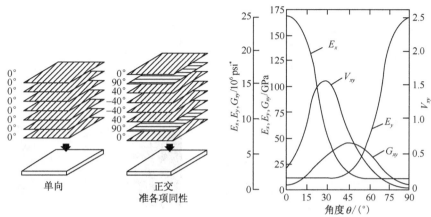

图 2.21　环氧树脂/碳纤维复合材料机械性能随叠层中碳纤维排列角度的变化图

耐热冲击系数的物理意义是，当材料从高温急速冷却时，起始温度与材料开始出现裂纹时的温度之间的温差 $\Delta T_{\max}$ 称为耐热冲击系数。此值愈高，则耐热冲击性能愈强。

$$\Delta T_{\max} = R = \sigma_{f}(1 - \mu) / (E\alpha)$$

式中，σ_f 为断裂强度。

当加热和冷却缓慢时，加入热传导系数 k，抗热冲击定义为 R'

$$R' = \sigma_{f}(1 - \mu)k / (E\alpha)$$

此外，如果加热和冷却以一定的速度进行，引入热扩散率$(\delta = k/(\rho C))$，则耐热冲击 R'' 用下列方程表达：

$$R'' = \sigma_{f}(1 - \mu)(k/\rho C) / (E\alpha) = R' / (\rho C)$$

表 2.9 列出了低温共烧陶瓷及其组分材料的耐热冲击的相关物理性质。图 2.22 表明了玻璃/氧化铝复合材料在各个不同温差下进行热冲击后的断裂强度

表 2.9　低温共烧陶瓷及其组分材料抗热冲击的物理性质

	玻璃/氧化铝复合材料	氧化铝	硼硅玻璃(pyrex)
弹性模量 $E/\times 10^{6}$ MPa	0.0093	0.38	0.07
泊松比 μ	0.17	0.24	0.16
热膨胀系数/$(\times 10^{-6}/℃)$	4.1	8.0	3.0
断裂强度 σ_{f}/MPa	150	300	80
热冲击电阻 R	326	75	320
断裂临界温度 $T_{\max}$/℃	500	200~300	—
热传导 k/(W/(m · K))	2.5	16	0.96

* 1psi=0.155cm^{-2}。

及其材料破坏后的微观结构。正如表 2.9 所示，玻璃/氧化铝复合材料的耐热冲击性能比氧化铝耐热冲击性能高，而且在各种装配的受热过程中有极好的可靠性。

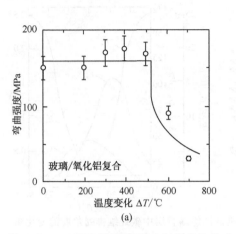
(a)

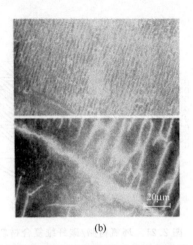
(b)

图 2.22　(a)玻璃/氧化铝复合材料的抗热冲击性能和(b)热冲击断裂后的显微结构

2.6　热　传　导

复合材料通常应用的热传导混合规则如下[51]：

$$k = V_1 k_1 + V_2 k_2 \tag{2.7}$$

$$1/k = V_1/k_1 + V_2/k_2 \tag{2.8}$$

$$\log k = V_1 \log k_1 + V_2 \log k_2 \tag{2.9}$$

式中，k 为组分材料的热传导；k_1 为组分材料 1 的热传导；k_2 为组分材料 2 的热传导；V_1 为组分材料 1 的体积分数；V_2 为组分材料 2 的体积分数。

式(2.7)是当热流方向和复合材料平行时的混合规则，式(2.8)是当热流方向和复合材料垂直时的混合规则。对于陶瓷颗粒分布在玻璃基体中的玻璃/陶瓷复合材料而言，其热传导数据与实验结果和实证数法所显示的值都基本相符。

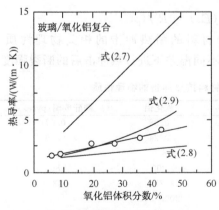

图 2.23　硼硅玻璃/氧化铝复合材料的热
导率(实际测量和理论计算值)
图中的编号对应公式编号

图 2.23 列出了硼硅玻璃/氧化铝复合材料实际测量和应用这些公式计算的值。当氧化铝和硼硅玻璃的热导率分别是

28W/(m · K)和 1.3W/(m · K)时，含氧化铝 19.4%的玻璃/氧化铝复合材料的热导率为 2.7W/(m · K)，这表明非常接近用对数法则计算的 2.4W/(m · k)。

为了达到较高的热导率，氮化铝、氮化硅、碳化硅和有较高热导率的材料正在试验作为陶瓷成分。然而，无论哪种类型的材料，都难以超过高温共烧陶瓷中氧化铝的热导率。和树脂材料相比，玻璃/氧化铝复合材料的热导率要高 10 倍。

参 考 文 献

[1] N. Kamehara, Y. Imanaka and K. Niwa, "Multilayer Ceramic Circuit Board with Copper Conductor", Denshi Tokyo, No. 26, (1987), pp. 143-148.

[2] R. R. Tummala et al., "High Performance Glass-Ceramic/Copper Multilayer Substrate with Thin-Film Redistribution", IBM J. Res. Develop., Vol. 36, No. 5, Sep. (1992), pp. 889-904.

[3] System Design: Say good-bye to PCI, say hello to serial interface, NIKKEI ELECTRONICS, 6. 18., No. 798, (2001), pp. 119.

[4] Y. Usui, "Quantitative Analysis Overcomes Design Bottleneck for PCB's with Speeds over 1GHz", NIKKEI ELECTRONICS, (2002), 1. 7, pp. 107-113.

[5] A. A. Mohammed, "LTCC for High-Power RF Application?", ADVANCED PACKAGING, Oct. (1999), pp. 46-50.

[6] D. I. Amey, M. T. Dirks, R. R. Draudt, S. J. Horowitz and C. R. S. Needs, "Opening the door to wireless innovations", ADVANCED PACKAGING, Mar. (2000), pp. 37-540.

[7] T. Hayashi, T. Inoue and Y. Akiyama, "Low-Temperature Sintering and Properties of Piezoelectric Ceramics Using Sintering Aids", Jpn. J. Appl. Phys., Vol. 38, (1999), pp. 5549-5552.

[8] K. Murakami, D. Mabuchi, T. Kurita, Y. Niwa and S. Kaneko, "Effects of Adding Various Metal Oxides on Low-Temperature Sintered Ceramics", Jpn. J. Appl. Phys., Vol. 35, (1996), pp. 5188-5191.

[9] W. A. Schulze and J. V. Biggers, "Piezoelectric Properties of Bonded PZT Compositions", Mat. Res. Bull., 14, (1979), pp. 721-30.

[10] J. H. Jean and T. K. Gupta, "Isothermal and Nonisothermal Sintering Kinetics of Glass-Filled Ceramics", J. Mater. Res., Vol. 7, No. 12, (1992), pp. 3342-3348.

[11] C. R. Chang and J. H. Jean, "Camber Development during Cofiring an Ag-based Ceramic-Filled Glass Package", Ceramic Transactions, Vol. 97, (1999), pp. 227-239.

[12] G. C. Kuczynski and I. Zaplatynskyj, "Sintering of Glass", J. Am. Ceram. Soc., Vol. 39, No. 10, (1956), pp. 349-350.

[13] I. B. Cutler and R. E. Henrichsen, "Effect of Particle Shape on the Kinetics of Sintering of Glass", J. Am. Ceram. Soc., Vol. 51, No. 10, (1968) pp. 604-605.

[14] W. J. Zachariasen, J. Am. Ceram. Soc., Vol. 54, (1932) pp. 3841.

[15] Corning, "The Characterization of Glass and Glass-Ceramics".

[16] D. Clinton, R. A. Marcel, R. P. Miller, J. Material Science, Vol. 5, (1970), pp. 171.

[17] J. Frenkel, Kinetic Theory of Liquids, Oxford University Press, (1946), pp. 424.

[18] X. Zhou and M. Yamane, "Effect of Heat-Treatment for Nucleation on the Crystallization of Glass Containing", J. Ceram. Soc. of Jpn, Vol. 96, No. 2, (1988), pp. 152-588.

[19] J. H. Jean and T. K. Gupta, "Crystallization kinetics of binary borosilicate glass composite", J. Mater. Res., Vol. 7, No. 11, (1992), pp. 3103-3111.

[20] J. H. Jean and T. K. Gupta, "Devitrification Inhibitors in Borosilicate Glass and Binary Borosilicate glass Composite", J. Mater. Res., Vol. 10, No. 5, (1995), pp. 1312-1320.

[21] Y. Imanaka, N. Kamehara and K. Niwa, "The Sintering Process of Glass/Alumina Composites", J. Ceram. Soc. of Jpn, Vol. 98, No. 8, (1990), pp. 812-816.

[22] H. Jebsen-Marwedel, Glastechn. Ber., Vol. 20, (1942) pp. 221.

[23] J. Loeffler, Glastechn. Ber., Vol. 23, (1950), pp. 11.

[24] H. Jebsen-Marwedel, Glastechn. Ber., Vol. 25, (1952), pp. 119.

[25] J. Widtmann, Glastechn. Ber., Vol. 29, (1956), pp. 37.

[26] Y. Imanaka, S. Aoki, N. Kamehara and K. Niwa, "Crystallization of Low Temperature Fired Glass/Ceramic Composite", J. Ceram. Soc. of Jpn, Vol. 95, No. 11, (1987), pp. 1119-1121.

[27] Y. Imanaka, K. Yamazaki, S. Aoki, N. Kamehara and K. Niwa, "Effect of Alumina Addition on Crystallization of Borosilicate Glass", J. Ceram. Soc. of Jpn, Vol. 97, No. 3, (1989), pp. 309-313.

[28] S. Nishigaki, S. Yano, J. Fukuta, M. Fukaya and T. Fuwa, "A New Multilayered, Low-Temperature-Fireable Ceramic Substrate", Proceedings' 85 International Symposium of Hybrid Microelectronics (ISHM), (1985), pp. 225-234.

[29] S. Wahisa, The Journal of Electronics and Communication Engineers of Japan, Vol 49, No. 7, (1966), pp. 37-47.

[30] N. Yamaoka, M. Masaru and M. Fukui, Am. Ceram. Soc. Bull., Vol. 62, No. 6, (1983) pp. 698.

[31] W. D. Kingery, H. K. Bowen and D. R. Uhlmann: Introduction to Ceramics, John Wiley & Sons, Inc., 1976.

[32] P. M. Sutton, "Dielectric Properties of Glass", Briks & Schulman Progress in Dielectrics II, (1960) pp. 114-161.

[33] V. Hippel, "Dielectric Materials and Its Application".

[34] V. D. Frechette, "Non-Crystalline Solids", (1960), pp. 412.

[35] Y. Imanaka, "Material Technology of LTCC for High Frequency Application", Material Integration, Vol. 15, No. 12, (2002), pp. 44-48.

[36] R. R. Tummala and A. L. Friedgerg, "Composites, Carbides-Thermal Expansion of Composite Materials", J. Appl. Phys., Vol. 41, No. 13, (1970), pp. 5104-5107.

[37] P. S. Turner, J. Res. NBS, Vol. 37, (1946), pp. 239.

[38] H. M. Kraner, "Phase Diagrams", Material Science and Technology, 6-II, (1970), pp. 83-87.

[39] C. N. Fenner, J. Am. Ceram. Soc., Vol. 36, (1913), pp. 331-384.

[40] Y. Imanaka, S. Aoki, N. Kamehara and K. Niwa, "Cristobalite Phase Formation in Glass/Ceramic Composites", J. Am. Ceram. Soc., Vol. 78, No. 5, (1995), pp. 1265-1271.

[41] Y. Imanaka, "Multilayer Ceramic Substrate, Subject and Solution of Manufacturing Process of Ceramics for Microwave Electronic Component", Technical Information Institute, (2002), pp. 235-249.

[42] Ryskewitsch, "Compression Strength of Porous Sintered Alumina and Zirconia", J. Am. Ceram. Soc., Vol. 36, No. 2, (1953), pp. 65-68.

[43] E. Orowan, "Fracture and Strength of Solids [Metals]", Repts. Progr. in Phys. , Vol. 12, (1949), pp. 185-232.

[44] N. J. Petch, "Cleavage Strength of Polycrystals", J. Iron Steel Inst. (London), 174, Part I, May, (1953), pp. 25-28.

[45] S. Kistler, J. Am. Ceram. Soc. , Vol. 45, No. 2, (1962), pp. 59.

[46] M. Nordberg, E. Mochel, H. Garfinkel, J. Olcott, J. Am. Ceram. Soc. , Vol. 47, (1964) pp. 215.

[47] W. Weibull, "A Statistical Distribution Function of Wide Applicability", J. Appl. Mech. , Vol. 18, (1951), pp. 293.

[48] R. M Jones, Mechanics of Composite Materials, McGraw Hill, New York, (1975).

[49] R. W. Davidge and G. Tappin, "Thermal Shock and Fracture in Ceramics", Trans. Br. Ceram. Soc. , Vol. 66, (1967) pp. 405.

[50] D. P. H. Hasselman, Unified Theory of Thermal Shock Fracture Initiation and Crack Propagation in Brittle Ceramics, J. Am. Ceram. Soc. , Vol. 49, (1969), pp. 68.

[51] W. D. Kingery, H. K. Bowen and D. R. Uhlmann, Introduction to Ceramics, John Wiley & Sons, Inc. , (1976), pp. 634.

第3章 导体材料

3.1 引　言

低温共烧陶瓷技术中，导体是以导电油墨的形式，丝网印刷的方法在陶瓷生片上印出电路图形，而后和陶瓷一同烧结的。导体材料是低温共烧陶瓷技术中重要的组分材料之一，在高频器件、基板布线及电极端接等方面的应用中，对导体材料有许多特性要求。

首先，为了减少高频信号高速传输的损耗，导体材料必须使用低电阻材料。正如表2.1所示，Cu、Au、Ag及其合金的电阻很低，作为高频基板的布线是非常适合的。

其次，为了实现单片模块，而将导电金属层和介电陶瓷层同时焙烧，这就要求这两种材料在最佳烧结温度下的烧结收缩行为相匹配，这一点是非常重要的，如图3.1所示[1,2]。同时，控制两种材料之间的收缩行为使之两者之间形成良好附着，以确保电气和机械的可靠性，这就要考虑导体/介质之间的界面现象。

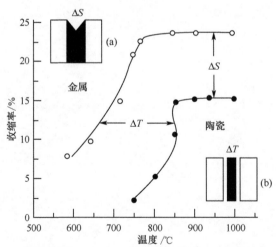

图 3.1　低温共烧陶瓷中陶瓷材料和导体金属之间的烧结收缩行为[1]

当电子器件安装在低温共烧陶瓷基板上时，在高温高湿环境下要经受长时间的施加电压，如果电路设计和材料设计不适当，导体移位现象就会发生，导致绝缘失效、短路失效等弊病的发生。导体材料因素的影响是很重要的，需要对导体材料施用一种适当的方法来避免导体的徙动，以及改善材料的抗徙动性。

　　另外，低温共烧陶瓷表面金属化电极层经常需要机电连接有源和无源器件。焊接和线胶是典型的连接方法，这就要选择导体材料以适应这两种方法。

　　当低温共烧陶瓷技术用做大规模集成电路高密度封装基板时，必须有效地释放由芯片产生的热量，而介电陶瓷的热导较低，因此在低温共烧陶瓷中经常设有专门的导热途径，通常称为散热孔。在这种情况下，就要求具有良好传热的高热导金属作为导体材料。

　　虽然导体材料在低温共烧陶瓷中使用的比例很小，仅为百分之几，但在工艺过程中，当用金属粉料分散于媒质中所形成的油墨用丝网进行印刷时，黏附于容器、丝网和橡胶滚轴上的剩余墨料，在清洗时都会损失掉，损失量通常令人失望。为了降低成本，必须控制导电油墨中金属材料的价格。从这一点来看，适合低温共烧陶瓷作为导体材料使用的金属中，金是相当昂贵的，因此使用是昧于实际的。

　　下一节将首先概述在氧化铝陶瓷上导体材料的金属化（厚膜工艺和高温共烧陶瓷），这和低温共烧陶瓷导体材料金属化一样，有很好的连接。而后详细说明对上述导体材料的要求。

3.2　导电油墨材料

　　导电油墨的制备是将导电金属粉料分散于作为胶体或可塑剂的有机媒质中，用滚筒进行混磨，并要进行搅拌捏炼。金属粉料是作为导体成分，其他还有无机添加剂，通常采用低熔点的玻璃和反应氧化物。有机媒质的组成有阻滞稀释剂，如松油醇、texanol 酯醇（2,2,4-三甲基-1.3 戊二醇单异丁酸酯，成膜助剂——译者注）等，有机黏结剂（纤维素、丙烯酸、丁缩醛树脂等），可塑剂，分散剂，触变剂等。

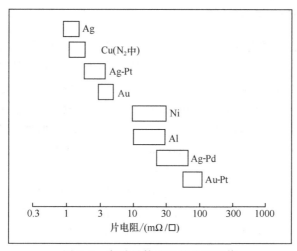

图 3.2　各种导体油墨的片电阻值

图 3.2 表明了不同类型的金属油墨在烧结后的片阻值(sheet resistance)。总之，导体包括有机添加剂，由于是由焙烧粉料获得，在导体内部容易形成空孔，其阻值一般比金属本身的阻值高。顺便提一下，片阻($\Omega/\square$)是导体材料的体阻除以名义厚度(通常是 0.0025cm)所得的阻值，这在厚膜导体中经常用做电阻单位。

3.3　氧化铝陶瓷的金属化方法

采用导电油墨的氧化铝陶瓷的金属化方法一般可分为两种类型：厚膜处理和共烧(高温共烧陶瓷)。虽然两者在印刷工艺上有许多类似点，但其他制造过程却有很大的差别。

下面论述在低温共烧陶瓷金属化技术开发之前，作为厚膜金属化和高温共烧陶瓷金属化的基础而开发的氧化铝基片的金属化技术，与低温共烧陶瓷金属化技术有所不同。

3.3.1　厚膜金属化

厚膜技术所用导体的一般制造工艺如下：用刮墨板施加一定的压力，将含金属粉料的导体油墨通过用不锈钢制成丝网的开孔，在基板上形成一层薄膜。下一步为了使导体薄膜致密化并且和基板牢固黏结，将印刷在基板上的薄膜进行烧结。用这种方法生产的薄膜，其厚度可达到 $1\sim30\mu m$，线宽大于 $50\mu m$。

氧化铝基板的厚膜金属化有两种类型：一是高温工艺类型；一是低温工艺类型。下面分别叙述。

1. 高温法(Mo-Mn 法)

Mo-Mn 法是金属化的一种方法，其中 15%～20% 的 Mn 添加到 Mo 粉中，用有机胶混合成油墨，用丝网将其印刷在陶瓷的表面，而后在湿氢中于 1300～1500℃的温度下进行焙烧。有关界面黏附机理过去存在多种理论。由 Pincus 在 1953 年提出的最传统的机理是：Mo 和 Mn 与氧化铝发生反应，在界面处形成尖晶石层($MnO \cdot Al_2O_3$)，实现牢固的黏附[3,4]。然而，根据这一理论，因有氧化铝而发生反应，可是，当用高纯度氧化铝时，黏结强度应当增大，但试验结果恰恰相反。Denton 等报告提出，氧化铝基板中熔融成分和 Mo、Mn 等在界面处形成的反应物($MnO \cdot SiO_2$，MoO_3，MgO，$MoO_3 \cdot CaO$)促进了黏附的提高[5]。此外，弗洛伊德又进一步确定，当氧化铝助烧成分(SiO_2)被 Mo/Mn 或 Al_2O_3 充分湿润时，在 1300℃有 $MnO \cdot Al_2O_3$ 尖晶石存在，尽管它在 1500℃及以上温度时消失[6]。而且，Reed 等发现，尖晶石在高温时会在氧化铝熔融玻璃相中熔化和消失[7]。

根据上述研究报告的结果，Mo-Mn 法的机理可归纳如下[8~11]：①油墨中的 Mn 被潮湿的气体氧化而成 MnO；②MnO 与氧化铝反应形成尖晶石，接着与氧化铝中的熔融物反应，生成高流动性玻璃相（然后尖晶石也许消失）；③通过毛细管作用玻璃渗透进 Mo 金属化层空间；④玻璃固化，基板和金属化层锚定胶着。

因为氧化铝基板中的助熔物会促进界面反应物的徙动，在用高纯度氧化铝基板时，一般都在油墨中添加一定的 MnO[12]。而且，为了提高胶着的可靠性，在一些情况下，添加 MnO 的氧化铝基板（因为它是粉红色，所以也称粉红级别）是首选使用的。

2. 低温法

在低温工艺类型中，Cu、Ag、Au 及其合金用做导体成分，在低于各金属的熔点下进行烧结，一般为 900℃左右。胶结的类型分为：氧化铝基板中含玻璃成分的玻璃胶结；与氧化铝发生反应的化学胶结（图 3.3）；玻璃胶结和化学胶结相结合的混合胶结[13]。

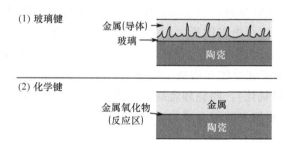

图 3.3　氧化铝基板低温型厚膜金属化示意图
(1)玻璃胶结类型；(2)化学胶结类型

1）玻璃胶结

这一类型的油墨，玻璃料作为促进与基板附着的添加剂与导体金属粉料混合，这种玻璃料中含有 PbO 或 Bi_2O_3。由于这种玻璃料的软化点较低，能渗入氧化铝基板的粒界，与氧化铝基板中的玻璃成分一同熔融、互联和胶结[14]。含 PbO 和 Bi_2O_3 玻璃在氧化铝基板中的渗透动力分析正在研究之中，已确定，增加 PbO 的加入量和添加 Bi_2O_3，玻璃的黏度会降低，毛细管力作为驱动力，在氧化铝基板中的渗透深度会增加。$PbO-SiO_2$ 型玻璃和氧化铝基板的界面反应研究结果证实，玻璃渗入氧化铝粒界相，粒界相的宽度扩大[15]。此外，在添加 ZnO 的玻璃中，有含 ZnO 和 Al_2O_3 的化合物生成（如尖晶石相 $ZnO \cdot Al_2O_3$）。总之，对于在空气中烧结的玻璃，使用 $PbO-SiO_2-B_2O_3$、$PbO-SiO_2-ZnO$ 和 $PbO-ZnO-B_2O_3$ 系统[16]。在含铜粉的油墨中，烧结是在氮气中进行，玻璃所用成分是不容易还原的($SiO-CaO-Al_2O_3$系统)[17]。最近,也有一种趋势就是关注环境问题而使用无铅玻璃。

　　2)化学胶结

　　当在空气中烧结时,油墨中除主要成分金和银合金外,也有一些无机添加剂引入导电油墨中,人们熟知的几种添加剂包括 Cu、Cu_2O 或 CuO、Ge_2O、ZnO、CdO 和 Bi_2O_3[18]。在烧结期间,氧化铜溶入氧化铝基板的玻璃成分中,并进行渗透而锚定,在界面处形成 $CuO·Al_2O_3$ 尖晶石相,达到牢固的界面黏结。同样,ZnO 和 CdO 也在低于 1000℃ 的温度下与氧化铝发生反应,在界面处生成尖晶石相,可望获得很高的胶结强度。其他已知生成尖晶石相的氧化物有 SrO、Cr_2O_3、MoO、MnO_3、Fe_2O_3、CoO 和 NiO,但它们在化学胶结的应用中不用做添加物。烧结期间,锗与金生成一种合金,可获得极其牢固的胶结强度。在基板和油墨中,Bi_2O_3 能够促进玻璃的软化,由于它和氧化铝基板有很强的锚定,它被视为产生强烈胶结的有效物质[19]。

3.3.2　共烧金属化

　　共烧金属化是在焙烧前,用丝网在陶瓷生片上(陶瓷粉料和有机胶的未焙烧片)印刷导电油墨,形成电极图形,而后将这些印刷的生片进行叠加,并对叠加成一体的陶瓷生片进行层合热压。最后在高温下烧结,使陶瓷致密化,同时形成金属化层[20~23]。为了使导体和陶瓷一同烧结,需要考虑烧结温度(金属的熔点)、烧结环境(防止金属氧化),陶瓷和金属化层的反应等。因此,导体金属化材料受到所用陶瓷类型的限制。这种金属化方法与厚膜工艺方法不同,其区别在于下述几点。

　　1)印刷工艺

　　在厚膜工艺中,导体油墨是印刷在烧结的陶瓷基板上,然而,在共烧技术中,印刷是在陶瓷生片上进行。陶瓷生片是陶瓷粉料和有机胶混合而成的柔软片,其中含有大约 40% 的气孔。当在生片上印刷时,导体油墨中的溶剂渗入生片并溶解生片中的树脂。虽然在极端的情况下,偶尔发现有诸如图形的流渗等现象,但由于在烧结前就在陶瓷中锚定,有利于烧结后得到良好的附着。

　　2)叠层工艺

　　就共烧而言,在层压过程中,对印刷在生片上的导体进行了加热和施压(厚膜工艺不用此过程),其结果有可能提高印刷导体中金属粉料的装填密度,而且金属粉料和胶树脂随着温度的提高而流态化,借助于流动性,陶瓷和金属粉在界面处互相迁徙,形成机械锚定。

　　3)烧结过程

　　就厚膜工艺而言,在烧结期间,陶瓷基片不存在尺寸的变化。然而,就共烧而言，陶瓷和金属在烧结时双方都要收缩，因此，烧结的导体薄膜是密集的，而厚膜工艺而成的导体通常是多孔的。这是因为共烧时，陶瓷基体本身收缩，而导体薄膜在 x 轴、y 轴和 z 轴都能自由收缩，容易致密。另一方面，厚膜工艺的薄膜，因其在 x 轴和 y 轴的收缩是受到约束的，只能在 z 轴发生，所以致密受到限制。

当氧化铝用做高温共烧陶瓷的原料时，导体材料是 Mo 和 W（两种材料的电阻值是 Pt 和 Pd 电阻值的一半，有良好的附着，而且价廉）。即使当 Mo 或 W 任何一种被为导体材料时，加入到氧化铝中作为烧结添加物的玻璃，在 1450℃ 左右首先就开始软化和流动。烧结时，这种玻璃流入多孔的金属导体中形成机械锚定，从而形成金属化层（可能玻璃相和 Mo 和 W 之间发生了化学反应，但事实上未见到有发生反应的报道）。Al_2O_3 和 W 中烧结添加物（SiO_2-MgO-Al_2O_3 玻璃）的湿润是金属化胶结的关键，曾有报道，为了使玻璃成分有良好的流动性和很牢固的胶结，氧化铝陶瓷中大约含 8% 的玻璃是最理想的[24~26]。另外，Wilcox 等用渗透法在多孔 Mo 中注入 Cu 得到 Mo+Cu 混合物（Mo 和 Cu 不反应），使导体的电阻值降低[27]。

烧结时，为了防止 Mo 和 W 在烧结环境中氧化，使用的是调整氧分压的湿氢[28]。

3.4　导　电　性

Au、Ag 和 Cu 的电阻率低，很适合作为低温共烧陶瓷使用的导体。表 3.1 列出了分别溶解 1% 的其他不同金属杂质的 Cu 和 Au 的电阻率。主要成分材料电阻率的显著变化完全依赖于杂质元素。举例来说，如果 1% 的 Ti 溶解在 Cu 中，这种材料的电阻率是纯 Cu 的 10 倍[29~33]。

表 3.1　溶解 1% 杂质的 Cu 和 Au 的电阻率

杂质元素	Cu 的电阻率(1.7)/$(\mu\Omega \cdot cm)$	Au 的电阻率(2.1)/$(\mu\Omega \cdot cm)$
Ag	1.9	2.8
Cu	—	3.6
Au	2.5	—
Pd	2.6	2.9
AL	2.7	4.0
Ni	2.8	5.1
Pt	3.7	3.3
Sn	4.8	7.6
Co	8.6	7.9
Ti	17.5	15.0

　　而且，如果 Cu 与其他金属反应，生成金属间的化合物，在大部分的情形下都大于 $10\mu\Omega\cdot cm$。下列化合物电阻率小于 $10\mu\Omega\cdot cm$ [34,35]：

　　Al_2Cu：$6\mu\Omega\cdot cm$，$CuAl$：$3\mu\Omega\cdot cm$，Cu_3Au：$4\mu\Omega\cdot cm$，$CuZn$：$5\mu\Omega\cdot cm$。
Cu_3Ge：$5\mu\Omega\cdot cm$，Cu_2Mg：$8\mu\Omega\cdot cm$，$CuMg_2$：$9\mu\Omega\cdot cm$。

　　因此，为了达到高电导率，必须尽量避免杂质的污染，保持高纯度。

　　图 3.4 表明了 Pd 和 Au 溶解在 Ag 中（Ag-Pd 和 Ag-Au 两者是固溶体合金），电阻率的变化。值得注意的是，在使用 Ag 作为导体材料时，为了改善抗徙动性而尝试使用合金，但是由图可以看出，Ag-Pd 例子中，当 Pd 溶解 60% 时，电阻率比纯银升高了 40 倍。如果添加 Pd 以提高抗徙动性，但电阻率升高，用 Ag 也就失去意义。因此，必须充分了解添加元素和组分对电阻方面的影响。

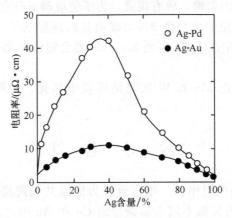

图 3.4　Ag-Pd 和 Ag-Au 型合金电阻率与成分的关系（Ag-Pd 和 Ag-Au 都是固溶体型合金）

3.5　共烧相配性

　　图 3.1 是金属和陶瓷材料烧结收缩速率失配的示意图。图中，ΔT 表示两种材料烧结收缩开始的温差，而 ΔS 表示烧结完成时的最终烧结收缩差。例如，陶瓷的烧结完成温度是 850℃，而金属的烧结完成温度是 600℃。收缩差 ΔS 是由基板内部形成类似孔穴区及导体表面烧结密度不均而产生的。因此，导致陶瓷基板产生变形，电路的尺寸精度难以控制。ΔT 可以认为是导体/陶瓷界面之间附着缺陷的产生原因。为了减少烧结收缩的失配，导体材料的组成和颗粒尺寸及添加物都应当进行优化。同时，必须调节陶瓷材料的参数，使两者的收缩行为尽量接近，从而减小失配量。和厚膜工艺不同，共烧导体的烧结是利用其本身与陶瓷的相互作用来促进的。低温共烧陶瓷所用的导体油墨通常只由导体金属粉和有机媒质组成，不添加其他无机物质（图 3.5）。在低温工艺的厚膜处理中，油墨首先

进入陶瓷基板(包括油墨中的无机玻璃成分),形成黏附在基板上的金属化层。相反,对共烧来讲,来自陶瓷的力作用在金属上,同时由于质量转移,在界面处形成高强度的黏附(详细情况请参阅下面有关共烧的论述)。基于这个原因,对于共烧而言,无机成分或许不应该添加到油墨中来促进黏结。此外,由于烧结时金属/陶瓷烧结收缩的失配,两种材料之间的界面处会产生应力,所以,最好是避免在焙烧过程中两种材料的黏结。为此,通常无机添加剂如玻璃类的物质不引入用于共烧的导电油墨中。然而,如下所述,也存在这种情况,就是在一些陶瓷成分中积极地添加改善收缩行为和导体黏结的物质。

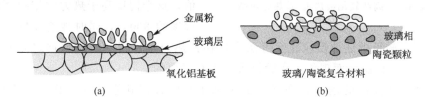

图 3.5　氧化铝基板上采用厚膜工艺制备的导体与低温共烧陶瓷导体在显微结构上的差异

当控制共烧性质时,需要控制两种材料的烧结行为,同时考虑烧结期间在导电材料中发生的氧化和还原反应。图 3.6 是各类金属的热化学图(Ellingham diagram,埃林厄姆图)。

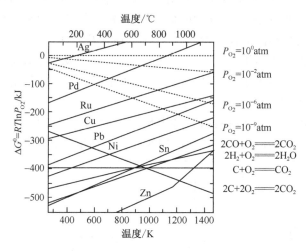

图 3.6　各种金属的热化学图(Ellingham 氧势图)

金属中,银的电阻最低,在低温下,热力学性质相当稳定。氧化银在高温下还原成金属银,如图 3.6 所示。这个转变温度随周围气氛的氧分压而改变。例如,如果热处理是在纯氧气氛中进行,转变温度大约为 200℃,在 200℃ 以下,

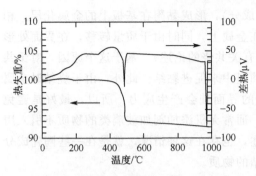

图 3.7　高纯氧化银热重-差热分析结果

氧化银是稳定的,而在 200℃ 以上,又还原成金属银。如果银氧化,会发生体积膨胀,相反,还原时体积缩小。因此,在金属/陶瓷的界面会产生应力,形成界面裂纹。图 3.7 表明了高纯氧化银的热重-差热（TG-TDA）分析结果。实验中,在 480℃ 左右可观察到氧化银的还原吸热峰值,这个温度高于热力学相图所预期温度约 300℃,同时伴有 7% 左右热失重[36]。较低的还原反应速度可认为是存在热力学预报和实验数据之间差值的影响。为了控制界面现象,实验检查是很有必要的。

　　为了改善抗徙动性,在 Ag 中添加 Pd 的 Ag-Pd 系统中,Pd 在 450℃ 到 800℃ 的大气中氧化,在高温下它又还原,转变成金属 Pd。在这一低温下的氧化反应使导体成分产生体积膨胀,在烧结过程中,多层陶瓷会产生分层[37]。即使是组分相同的 Ag-Pd,因生产方法不同其中 Pd 的氧化程度是不相同的[38]。与共沉淀法及简单混合制备 Ag-Pd 粉料法相比,由于用熔化合金的方法生产粉料时,Pd 的氧化反应是被抑制的,这对防止分层是很有效的。图 3.8 示出了用不同方法生产的 Ag-Pd 粉料的 X 射线分析结果。在 Ag 粉料和 Pd 粉料简单混合的类型中,观察到 Ag 和 Pd 两个分开的峰值。在熔融合金方法的类型中,Ag-Pd 熔融形成合金,可观察到固溶体的峰值。用共沉淀法生产的 Ag-Pd 呈现熔融合金法和简单混合法之间的结构。顺便提一下,共沉淀法是从固溶体完成晶核形成和生长而后析出固体的一种技术。在 Ag-Pd 的情况下,Ag-Pd 的硝酸溶液用联氨还原,在大约 250℃ 温度下,析出 Ag-Pd。

　　此外,当用铜作导体材料时,基本情况与此相同,但是,Cu 有氧化和还原行为,共烧时,可能产生各种各样的问题,详细情况将在共烧的章节中叙述。

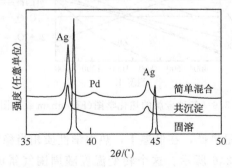

图 3.8　不同制备方法得到的 Ag-Pd 粉体的 X 射线分析结果

3.6 附 着

在共烧期间，导体和陶瓷之间的附着是由于陶瓷中的玻璃成分渗透导体形成机械锚定。对于这个理由，我们注意到，导体中没有添加第二种无机材料。然而，为了调整使之良好附着和烧结收缩，在导体油墨中加入一种很有效的称为"兄弟粉"的陶瓷粉料，它是导体油墨中陶瓷的一个组分或有相同的组成。图 3.9表明了当陶瓷（玻璃/陶瓷合成物）添加到导体中时，Ag-Pd 导体的导体附着强度和烧结收缩行为。在烧结期间，添加到导体中的兄弟粉料和陶瓷相结合形成强烈的互锁（图 3.10），实现加固效果。而且，从宏观来看，当陶瓷加入导体中，由于陶瓷是在导体中烧结，使烧结收缩行为接近陶瓷的烧结收缩行为。图 3.9 中，可以看到 20％ 体积的陶瓷加入到 60/40 组分的 Ag-Pd 中，它的烧结收缩行为接近陶瓷的烧结收缩行为。

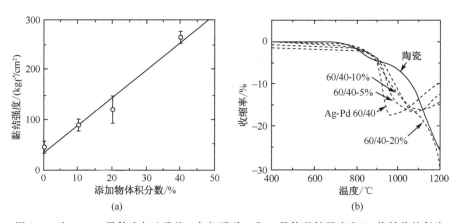

图 3.9 在 Ag-Pd 导体中加入陶瓷（玻璃/陶瓷）后（a）导体黏结强度和（b）烧结收缩行为

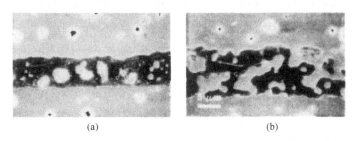

图 3.10   Ag-Pd 导体添加（a）10％（体积分数）和（b）40％（体积分数）陶瓷后的显微结构

---

* 1kgf＝9.8N。

3.7　抗电徙动

　　这里所说的徙动是指作为电路导线和电极所用的金属向绝缘体表面或内部迁移，从而降低电极间的绝缘电阻，导致绝缘失效。这种由于电场的影响产生金属元素移动的现象称为电徙动。此外，由于水的电解现象也会产生金属元素的迁移，众所周知，这种迁移称为离子迁移。在电子器件中由于长期使用的结果所产生的迁移就是这种离子迁移。

　　银、铜、锡、铅、镍、金和焊料等大家熟知的金属，都会产生离子迁移。例如，在湿度很大的大气中，如果在银导线上施加一个电压，并维持一段长时间，就可看到银的树枝状晶体从负极向正极生长，从负极到正极都能见到形成的 Ag_2O 胶体。这一过程的机理如下：

　　(1)由于 Ag 电极之间的电压差和从周围大气中吸附水分，会产生离子化。

$$Ag \longrightarrow Ag^+$$
$$H_2O \longrightarrow H^+ + OH^-$$

　　(2) Ag^+ 和 OH^- 形成，并在正电极析出 AgOH。

　　(3)AgOH 分解，在正电极形成 Ag_2O 并在胶体中消失。

$$2AgOH \rightleftharpoons Ag_2O + H_2O$$

　　(4)接着，进行水合反应，$Ag_2O + H_2O \rightleftharpoons 2AgOH \rightleftharpoons 2Ag^+ + 2OH$，$Ag^+$ 向负极移动，析出银的树枝状晶体。

　　而且，铜也会产生离子徙动，由于电场和水的存在，在正电极发生 $Cu + 4H_2O \longrightarrow Cu(OH)_2 + O_2 + 3H_2$ 反应。另一方面，在负电极发生 $Cu(OH)_2 \longrightarrow CuO + H_2O$ 反应，从负极向正极生长出 CuO 树枝状晶体。而且，又有阴离子 X^{n-}（如 Cl^-）的如下反应：

$$Cu_2O + 2/nX^{n-} + 2H^+ \longrightarrow CuX_{2/n} + H_2O + Cu$$
$$Cu + nX^- \longrightarrow CuX_n + ne$$
$$CuX_n \longrightarrow Cu^{n+} + nX$$
$$Cu^{n+} + ne \longrightarrow Cu$$

由上述反应，析出金属铜。

　　由徙动现象引起的介质击穿所需的时间可结合温度和湿度参数根据经验公式计算和预测。

　　离子产生徙动的容易程度排序是：Ag＞Pb＞Cu＞Sn＞Au，而 Fe、Pd 和 Pt 却不易产生徙动。为了减缓徙动的发生，有报道认为，加入合金成分是有效的

（当用 Ag 时，加入 Ag-Pd、Ag-Pt、Ag-Cu、Ag-Au）。从图 3.11[39] 的平衡相图可清楚地看出：Ag-Pd、Ag-Pt 和 Ag-Au 是固溶体合金，而 Ag-Cu 是共晶合金。固溶体合金类型属原子级水平，而共晶合金类型属微米级水平，从而抑制 Ag 的徙动，可认为是改善抗徙动的一个因素。可是，因为熔点随合金不同而变化（图3.4），在决定合金的组分时需要仔细地考虑避免提高其电阻值。各类合金的电阻值等性能与组分的关系示于图 3.12。

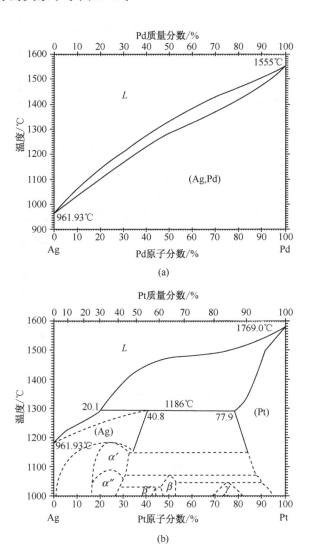

(a)

(b)

图相类似。Ag-Pd、Ag-Pt、Ag-Cu、Ag-Au 四种合金工作的平衡相图
计算如图 3.11。Ag-Pd、Au-Pt 和 Ag-Au 均为固溶体合金，它们合金的
相图相类似均是单一完全固溶体型，结构简单，性能稳定。实验和优化 Ag 的
焊料，为了获得良好的焊接性能，可将 Ag-Pd、Ag-Pt 二种合金的相图与化图
3.12 相关合金的晶体结构和固溶度比较归纳出最佳范围。各类合金的相图
都列在图上，以满足不同的焊接要求。

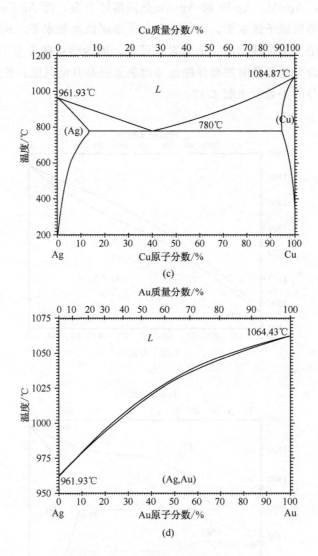

(c)

(d)

图 3.11　Ag 合金的平衡相图[39]

(a) Ag-Pd；(b) Ag-Pt；(c) Ag-Cu；(d) Ag-Au

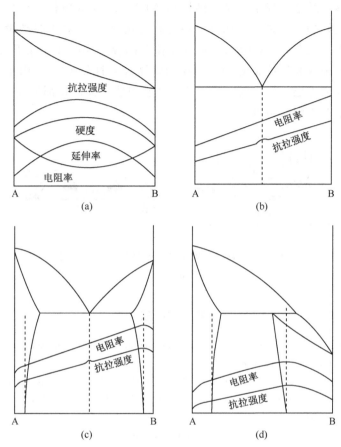

图 3.12 各类型合金性能与组分的关系
(a)固溶体;(b)共晶(非固溶);(c)共晶;(d)包晶

3.8 胶 结 性

当在低温共烧陶瓷上安装各种有源和无源器件时,要考虑焊接接头或线路胶结性(焊接湿润性和线路胶结性)(图 3.13),Ag、Cu、Ni、Au、Pd、Pt 及其合金配合广为使用的铅锡焊料(63Sn/37Pb)都有良好的焊接湿润性,是通常用做焊接接点的电极材料[40]。虽然 Au 有很好的焊接湿润性,但由于它和焊料起反应,使焊接接头表面变脆,一般不用做电极材料。可是,因为有良好的焊接能力,通常以薄膜的形式来附着在 Ni、Cu 等一类导体的表面,作为抗氧化层。顺便提一下,诸如 Fe、Cr 、Ni-Cr、Al、Ti 等,由于焊接湿润性差,其焊接接头是不良的[41]。对于线焊而言,许多材料[42,43]如 Mg-Si、Al-Mg、Al-Cu 等都适合用做线路材料。可是，纯金、掺金的铍、纯铝和 A1-1‰Si 从导电性、机械强度和黏结性来看也是良好的。总之，这四种材料也在使用[44~47]。对于终端设备的电极材料，通常用铝、铝合金(含小量的 Si、Cu 和 Mg)金、Au-Pd、Ag-Pd、Ni 和 Pt，这些金属能与金线和铝线良好焊接。铜的线路焊合性较差[48]。由于具有焊接功能的导体是在表面层，用电镀、溅射等方法在厚膜导体的顶部形成一层薄膜的技术广泛地用来改善焊接特性。

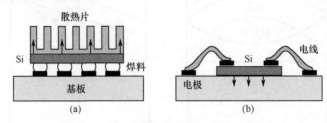

图 3.13　典型大规模集成电路芯片接合方式

(a)倒装焊接；(b)丝焊

参 考 文 献

[1] R. R. Tummala, "Ceramic and Glass-Ceramic Packaging in the 1990s", J. Am. Ceram. Soc., Vol. 74, No. 5, (1991), pp. 895-908.

[2] Y. Imanaka and N. Kamehara, "Influence of Shrinkage Mismatch between Copper and Ceramics on Dimensional Control of the Multilayer Ceramic Circuit Board", J. Ceram. Soc. Jpn., Vol. 100, No. 4, (1992), pp. 560-564.

[3] A. G. Pincus, "Metallographic Examination of Ceramic-Metal Seals", J. Am. Ceram. Soc., Vol. 36, No. 5, (1953), pp. 152-158.

[4] A. G. Pincus, "Mechanism of Ceramic to Metal Adherence of Molybdenum to Alumina Ceramics", Ceram. Age, Vol. 63, No. 3, (1954), pp. 16-20, pp. 30-32.

[5] E. P. Denton, H. Rawson, "The Metallizing of High-Al_2O_3 Ceramics", Trans. Brit. Ceram. Soc., Vol. 59, (1960), pp. 25.

[6] J. R. Floyd, "Effect of Composition and Crystal Size of Alumina Ceramics on Metal-to-Ceramic Bond Strength", Ceramic Bull., Vol. 42, No. 2, (1963), pp. 65-70.

[7] L. Reed, R. A. Hnggins, "Electron Probe Microanalysis of Ceramic-to-Metal Seals", J. Am. Ceram. Soc., Vol. 48, No. 8, (1965), pp. 421-426.

[8] J. T. Klomp, "Interfacial Reactions Between Metals and Oxides during Sealing", Ceramic Bull., Vol. 59, No. 8, (1980), pp. 794-799.

[9] K. White and D. P. Kramer, "Microstructure and Seal Strength Relation in the Molybdenum-Manganese Glass Metallization of Alumina Ceramics", Materials Science and Engineering, 75, (1985), pp. 207-213.

[10] Y. S. Sun, J. C. Driscoll, "A New Hybrid Power Technique Utilizing a Direct Copper to Ceramic Bond", IEEE Transactions on Electron Devices, Vol. ED-23, No. 8, Aug., (1976), pp. 961-967.

[11] D. M. Mattox and H. D. Smith, "Role of Manganeses in the Metallization of High Alumina Ceramics", Ceramic Bull. , Vol. 64, No. 10, (1985), pp. 1363-1367.

[12] K. Otsuka, T. Usami and M. Sekihara, "Interfacial Bond Strength in Alumina Ceramics Metallized and Cofired with Tungsten", Ceramic Bull. , Vol. 60, No. 5, (1981), pp. 540-545.

[13] M. L. Minges, Electronic Materials Handbook Volume 1 PACKAGING (ASM Internatioanl, 1989).

[14] Y. Kuromitsu, "Interfacial Reaction between Glass and Ceramics and the Application for AlN Circuit Board for Mounting Semiconductors", Kyushu University Ph. D Thesis, 1997.

[15] Y. Kuromitsu, H. Yoshida, H. Takebe and K. Morinaga, "Interaction between Alumina and Binary Glasses. ", J. Am. Ceram. Soc. , Vol. 80, No. 6, (1997), pp. 1583-1587.

[16] K. Harano, K. Yajima and T. Yamaguchi, J. Ceram. Soc. Jpn. , Vol. 92, No. 9, (1984), pp. 504-509.

[17] R. W. Vest,"Materials Science of Thick Film Tecnology", Ceramic Bull. , Vol. 65, No. 4, (1986), pp. 631-636.

[18] M. V. Coleman, G. E. Gurnett, "The Limitations of Reactively-Bonded Thick Film Gold Conductors", Solid State Technology, Mar. (1979), pp. 45-51.

[19] Y. Akimoto, "Bonding of Thick Film Electrode to Ceramics", Electro-Ceramics, Vol. 19, No. 11, (1988), pp. 54-60.

[20] W. G. Burger, C. W. Weigel, " Multi-Layer Ceramic Manufacturing", IBM J. Res. Develop. , Vol. 27, No. 1 Jan. (1983), pp. 11-19.

[21] B. T. Clark and Y. M. Hill, "IBM Multichip Multilayer Ceramic Modules for LSI Chips-Design for Performance and Density", IEEE Transactions on Components, Hybrids, and Manufacturing Technology, Vol. CHMT-3, No. 1, March(1980)pp. 89-93.

[22] N. Kamehara, Y. Imanaka and K. Niwa,"Multilayer Ceramic Circuit Board with Copper Conductor", Denshi Tokyo, No. 26, (1987), pp. 143-148.

[23] Y. Imanaka, A. Tanaka and K. Yamanaka,"Multilayer Ceramic Circuit Board Wiring Material: From Copper To Superconductor-", FUJITSU, Vol. 39, No. 3, June (1988), pp. 137-143.

[24] R. R. Tummala, E. J. Rymaszewski, Microelectronics Packaging Handbook, VAN NOSTRAND REINHOLD (1989).

[25] G. Toda, T. Fujita and S. Ishuhara , "Sintering and Wetting-Sintering of Alumina Substrate", Material Science, Vol. 3, No. 2, (1985), pp. 81-86.

[26] K. Otsuka, T. Usami and M. Sekihara, "Interfacial Bond Strength in Alumina Ceramics Metallized and Cofired with Tungsten", Ceramic Bull. , Vol. 60, No. 5, (1981), pp. 540-545.

[27] D. A. Chance and D. L. Wilcox, "Capilary-Infiltrated Conductors in Ceramics," Metallurgical Transactions, Vol. 2, March(1971), pp. 733-741.

[28] D. A. Chance, D. L. Wilcox, "Metal-Ceramic Constraints for Multilayer Electronic Packages", Proceedings of the IEEE, Vol. 59, No. 10 Oct. (1971), pp. 1455-1462.

[29] R. A. Matula, J. Phys. Chem. Ref. Data 8, (1979), pp. 1147.

[30] P. D. Desai, H. M. James, C. Y. Ho, J. Phys. Chem. Ref. Data 13, (1984), pp. 1131.

[31] G. K. White, S. B. Woods, Phil. Trans. Roy. Soc. London Ser. A251, (1958), pp. 273.

[32] T. E. Chi, J. Phys. Chem. Ref. Data 8, (1979), pp. 439.

[33] P. D. Desai, T. K. Chu, H. M. James, C. Y. Ho, J. Phys. Chem. Ref. Data 13,

(1984), pp. 1069.

[34] Handbook of Electrical Resistivities of Binary Metallic Alloys (CRC Press, 1983).

[35] J. M. E. Harper, E. G. Colgan, C. K. Hu, J. P. Hummel, L. P. Buchwalter and C. E. Uzoh, "Material Issues in Copper Interconnections", MRS Bull, August(1994), pp. 23-29.

[36] Y. Imanaka, "Material Technology of LTCC for High Frequency Application", Material Integration, Vol. 15, No. 12, (2002), pp. 44-48.

[37] S. S. Cole, "Oxidation and Reduction of Palladium in the Presence of Silver", J. Am. Ceram. Soc., Vol. 68, No. 4, (1985), pp. C106-C107.

[38] S. F. Wang, W. Huebner, and C. Y. Huang, "Correlation of Subsolidus Phase Relations in the Ag-Pd-O System to Oxidation/Reduction Kinetics and Dilatometric Behavior", J. Am. Ceram. Soc., Vol. 75, No. 8, (1992), pp. 2232-2239.

[39] T. B. Massalski, Binary Alloy Phase Diagram 2nd Ed., ASM International, 1990.

[40] J. M. E. Harper, E. G. Colgan, C-K. Hu, J. P. Hummel, L. P. Buchwalter and C. E. Uzoh, "Materials Issues in Copper Interconnections", MRS Bull., Vol. XIX, No. 8, August(1994), pp. 23-29.

[41] D. P. Seraphim, R. C. Lasky and C-Y Li, Principles of Electronic Packaging, (McGraw-Hill, Inc., 1989), pp. 594.

[42] T. J. Matcovich, 31nd Proceedings of Electronic Components Conference, (1981), pp. 24-30.

[43] J. Onuki, M. Suwa and T. Iizuka, 34th Proceedings of Electronic Components Conference, (1984), pp. 7-12.

[44] S. P. Hannula, J. Wanagel, and C. Y. Li, 33rd Proceedings of Electronic Components Conference, (1983), pp. 181-188.

[45] M. Poonawala, 33rd Proceedings of Electronic Components and Conference, (1983), pp. 189-192.

[46] A. Bischoff and F. Aldinger, 34th Proceedings of Electronic Components and Conference, (1984), pp. 411-417.

[47] J. Kurtz, D. Cousens, and M. Dufour, 34th Proceedings of Electronic Components and Conference, (1984), pp. 1-6.

[48] M. L. Minges, Electronic Materials Handbook Volume 1 PACKAGING (ASM International, 1989).

第4章 电阻材料和高介电材料

4.1 引 言

低温共烧陶瓷技术集多种材料于一体，允许集成不同功能，使器件和基板能做得很小和多功能化，与其他技术相比（如印刷电路板技术），它有许多优点[1]。结合在低温共烧陶瓷中的典型材料有多种，如终端设备中为了防止反射噪声而用的电阻材料，电源旁路电容层中使用的具有高介电常数的介电材料。旁路电容的用途是维持恒定的电源电压，当电源电压降低并且产生开关噪声时，向集成电路提供电荷，这就需要用高速响应的电容。为了减小使响应速度减慢的线路电感，就必须将器件安置在集成电路的附近。因此，为了实现低电感，而将其埋入基板内部，效果非常理想[2]。

本章介绍引入低温共烧陶瓷中的电阻器的一般知识，以及低温共烧陶瓷的典型电阻器材料，即氧化钌/玻璃复合材料。此外，也介绍低温共烧陶瓷技术中使用的高介电常数材料的发展。目前，这一领域的研究工作非常活跃，材料的类型繁多，各种新材料层出不穷。一时要总结开发中的所有技术是很困难的。为此，在介绍低温共烧陶瓷中用铜作为导体的高介电常数材料时，本章将集中介绍已公开的发展情况。

除电容器以外，有关高频功能的工艺技术开发和实现各种功能，如滤波器等所需要的材料的开发将在第10章作进一步介绍。

4.2 电阻器材料

电阻器大致可分为两种，即在低温共烧陶瓷的表面形成的和在内部形成的。当在低温共烧陶瓷的表面形成电阻器时，一种方法是在烧结后将低温共烧陶瓷的表面磨光，用薄膜技术如溅射、蒸汽沉积等技术在其上形成电阻膜。另一个方法是在 as-fired 基板表面印刷厚膜电阻油墨而后焙烧。在基板内部形成内部电阻的过程如下所述。

在陶瓷生片表面的专有位置用丝网印刷方法印出电阻油墨，将印刷的生片进行叠片和热压，而后在大约 900℃ 的高温下进行烧结。在表面形成薄膜电阻的成本很高，因为必须磨光基板表面。然而，由于电阻的形状和尺寸容易控制，能够得到符合设计值的电阻。另外，在低温共烧陶瓷表面形成电阻时，电阻值可用激光微调进行调整。当在层内形成电阻时，烧结时基板要收缩，不仅使电阻的尺寸难以控制，而且由于它可能和陶瓷发生反应致使电阻值产生变化。

$$TCR(ppm/℃)=\Delta R/(R_{25}\cdot\Delta T)\times 10^{6}$$

式中，TCR 为电阻温度系数；R_{25} 为 25℃时的电阻。

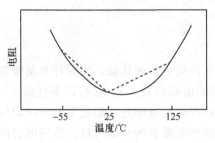

图 4.1　电阻器的电阻温度系数示意图

电阻的重要特性是其电阻值以及电阻值的温度属性。正如图 4.1 所示，TCR 以室温为界线存在两个数值，即高温侧(25～125℃)数值和低温侧(−55～+25℃)数值。所要求的数值根据应用的不同而不同，但对于 TCR，其值一般要求在 ±100～±300ppm/℃之间，而不管电阻值的大小。厚膜电阻油墨由构成电阻器的无机成分（导体材料和低熔点玻璃(PbO-SiO_2-B_2O_3-Bi_2O_3 玻璃)）和有机媒质（胶、可塑剂、溶剂等）组成。不同电阻值所用的导体材料和焙烧气氛如表 4.1 所示。表 4.2 是薄膜电阻所用的典型材料[3,4]。

表 4.1　厚膜电阻油墨无机导体材料及其电阻规格

烧结气氛	片电阻/(Ω/□)	电阻温度系数/(ppm/℃)	导体材料(电阻率/(Ω·cm)(25℃))
空气	1～1×10^6	±250～±300	Ag/Pd(PdO)(4×10^{-5})
	10～1.0×10^7	±50～±300	RuO_2，IrO_2(4×10^{-5})
	10～1×10^6		$Pb_2Ru_2O_6$，$SrRuO_3$，$Bi_2Ru_2O_7$(2.3×10^{-2})
氮气	10～1.0×10^4	±100	LaB_6(17×10^{-6})
	5～1×10^6	±250	SnO_2-Sb

表 4.2　薄膜电阻材料及其电阻规格

材料	片电阻/(Ω/□)	电阻温度系数/(ppm/℃)
Ni-Cr	50～1000	<±20～±150
Cr_2O_3	100～1000	<±25～±100
Cr-SiO_2	100～1000	<±20～±200
TaN	100～1000	−60～−150
W-Ru	100～1000	+120～+300
Ti	100～1000	−100～+100

控制电阻值有三种方法：①控制电阻的尺寸；②控制材料的组成；③微调。改变在基板上形成的电阻膜的尺寸可改变电阻值。根据电路情况，改变膜的厚度

是很有效的，但为了达到可靠和稳定的电阻值，对电阻而言总希望有一个明确的薄膜厚度。正如图 4.2 所示，当设置一个基于形状的电阻值时，必须考虑电极边缘效应，因为电阻膜厚的改变就很靠近电极[5]，也就必须控制电阻和电极界面之间通过反应的界面电阻。如上所述，由于电阻油墨是由导体材料和玻璃材料合成的，电阻值可通过改变两者的配比和改变所用材料的种类来控制。上述两种控制电阻值的方法是在电阻膜形成前进行的。相反，第三种方法，微调是在电阻形成以后用激光来微调电阻膜从而改变电阻值的一种方法。图 4.3 是激光微调方法的示意图。当用配置精确编程激光器的激光微调方法时，在很短的时间内，易于实现稳定在 0.5% 以内的电阻值。为了达到符合设定要求的电阻值，需要考虑激光对电阻的损害。

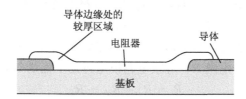

图 4.2　在基板上形成厚膜电阻的截面图

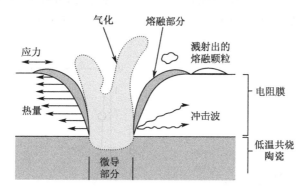

图 4.3　激光微调示意图

4.2.1　氧化钌/玻璃材料

氧化钌/玻璃广泛用做厚膜电阻油墨，这部分将描述有关氧化钌/玻璃的特性和相关问题。

氧化钌是呈现金属特性的一种导电氧化物，在温度高至 1025℃ 的大气中不会发生变化，在 1400℃ 以上分解，部分蒸发。钌和氯化钌在氧气气流中加热就是会生成氧化钌，颗粒尺寸为 10nm 或更小的商业粉料一般都可用。表 4.3 列出了氧化钌的典型特性。

表 4.3　氧化钌的典型特性

密度	$7.06g/cm^3$
莫尔密度	$18.85cm^3$
热膨胀系数(20～300℃)	$6.32 \times 10^{-6}/℃$
电阻率(25℃)	$4 \times 10^{-5}\Omega \cdot cm$
电阻温度系数	$5 \times 10^3 ppm/℃$

　　至于氧化钌中的玻璃材料和玻璃组成，通常是用具有电阻最佳烧结温度900℃左右的低熔点硼铅玻璃。

　　在这种类型的材料中，导体材料的粒子分散在绝缘材料矩阵中，为了达到导体粒子之间的相互接触，当材料各个粒子的直径大致相同时，导体材料的体积分数必须大至10%～30%。可是，如果导体的粒子直径远比绝缘材料的粒子直径小(图 4.4)，有报道认为，为了形成导体粒子接触路径，体积分数可小至3%～10%[6~8]。关于材料的电阻 R，等效电路模型可用下面的等式来表示：

$$R = R_c + R_{gb} + R_g$$

式中，R_c 为导体材料的电阻；R_{gb} 为粒界的电阻；R_g 为玻璃的电阻。

　　从宏观观点来看，改变氧化钌和玻璃的体积比就可控制电阻，如图 4.5 所示[9]。有关玻璃层中氧化钌粒子之间的导电机理，目前存在多种模型，也在争论之中[10~14]。

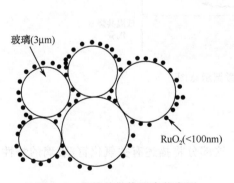

图 4.4　烧结前粉体混合状态图

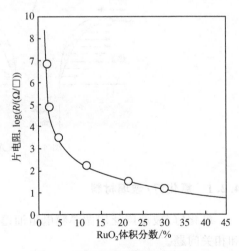

图 4.5　氧化钌/玻璃电阻器的电阻
与成分关系

4.2.2　氧化钌的热稳定性

氧化钌在气温升至 1400℃ 左右时，其热力学特性都是稳定的，而金属钌在高温或低氧分压情况下，也是稳定相（图 4.6）[15,16]。和氧化钌相似，金属钌是导电的，而它们的电阻（氧化钌：$4 \times 10^{-5} \Omega \cdot cm$；金属钌：$7.2 \times 10^{-6} \Omega \cdot cm$）和摩尔体积（氧化钌：$19 cm^3$；金属钌：$8.2 cm^3$）则不同。如果电阻油墨中氧化钌改为金属钌，烧结时，电阻值和体积收缩会发生极大的变化，电阻内部产生应力。为此理由，必须充分了解氧化钌（Ru-RuO₂）的氧化还原反应[17]。

氧化钌的还原温度可用热重-卡量计进行差热分析而获得。图 4.7 表明了纯度高于 99.9%、颗粒直径为 $0.05\mu m$ 氧化钌粉料的热重-差热分析结果。差热分析曲线呈现出一个大的吸热峰，同时在热重曲线上观察到质量减少 24% 的温度就是还原温度（大约 1450℃），这个结果与图 4.6 完全吻合。另外，如图 4.8 所示，在含氢的大气中还原温度显著降低[18~20]。

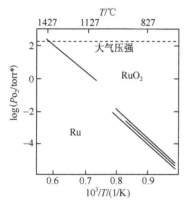

图 4.6　Ru-RuO₂相图[15]
（温度，氧分压属性）

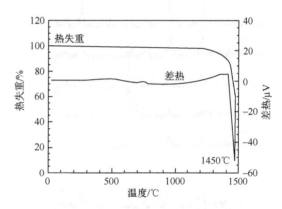

图 4.7　空气中氧化钌粉体的热失重-
差热分析结果

因为电阻油墨（氧化钌或玻璃）的焙烧通常是在没有还原气体的空气中进行的，看来似乎与还原无关，可是加入油墨中的有机胶在高温下燃烧时，会在氧化钌周围形成还原气氛。图 4.9(a)示出了电阻油墨试样在不同分段温度下焙烧时的 X 射线衍射结果。在 250~400℃ 的范围内，有机胶燃烧激烈，观察到金属钌的峰值，当有机胶在 500℃ 或更高温度下烧完时，金属钌峰值消失。另外，在有机胶没有充分燃烧，电阻材料中有碳残留的情况下，可观察到小量的金属钌（$RuO_2 + C \longrightarrow Ru + CO_2$），如图 4.9(b)在 900℃ 下焙烧的电阻试样照片所示。

---

*　1torr＝1mmHg＝$1.33322 \times 10^2 Pa$。

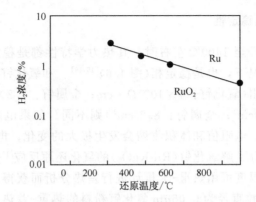

图 4.8　在氮气和氢气混合气氛下氧化钌的还原温度

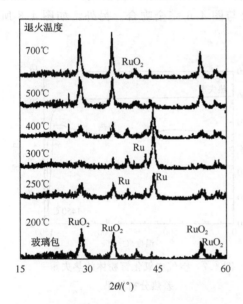

退火温度/℃	峰值检测
~200℃	RuO₂,玻璃
250~400℃	Ru,RuO₂,玻璃
500℃~	RuO₂,玻璃

(a)

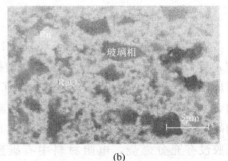

(b)

图 4.9　(a)不同温度烧结的电阻浆料晶体结构的 X 射线衍射结果，以及
(b)900 ℃烧结的电阻器的显微结构(氧化钌/玻璃复合材料)

此外，氧化钌在玻璃中的溶解度很小，至少小于 0.5％，观察不到氧化钌和玻璃之间的界面反应，界面现象对电阻值的影响极小[21,22]。

4.3　高介电常数材料

高介电常数材料引入低温共烧陶瓷，熟知的有两种方法：一是将介电材料制成糊膏，用丝网将其印刷在绝缘材料生片上；另一种是将介电材料制成生片，再和绝缘材料生片一同叠片，在多层结构中形成一介电层。无论哪一种方法，材料的首要条件是在 900℃左右的低温下能够烧结，因为它要和绝缘材料及导电材料一同共烧。此外，还要求其有高的介电常数和高的绝缘强度。有希望的材料还不完善，现已知道能够满足上述要求的三组材料列于表 4.4 中[23~27]。

表 4.4　引入低温共烧陶瓷中的介电材料

材料类型	典型样品	介电常数
玻璃/陶瓷复合物	$BaTiO_3$-玻璃	1000
	$CaZrO_3$-$SrTiO_3$-玻璃	25
液相烧结陶瓷	$BaTiO_3$-LiF	3000~4000
	$BaSrTiO_3$-Li_2CO_3，B_2O_3 等	2000~3000
铅系统弛豫材料	$Pb(Zn_{1/3}Nb_{2/3})O_3$	22000
	$Pb(Fe_{1/3}W_{2/3})O_3$	10000
	$Pb(Mg_{1/3}Nb_{2/3})O_3$ 等	15000

表 4.4 中所列出的为低温共烧而引入的介电材料易于和绝缘材料中的玻璃起反应，致使介电常数显著降低。为了获得所需的介电特性，从材料和过程的观点来看，还需要改善，例如在绝缘材料和介电材料之间提供一阻挡层。

除机械性能的影响外，晶格缺陷对材料的电气特性也有显著的影响，具有大禁带宽度的氧化物晶体由于晶格缺陷影响而呈现半导体性质。晶格缺陷的电子行为可作如下解释：如图 4.10(a)所示，当原子从正常晶格位置移向间隙，缺陷就会形成，此时，格子空位和填隙原子的数量相等，这种缺陷形态学上称为弗仑克尔缺陷。而且，如图 4.10(b)所示的缺陷，阳离子和阴离子的格子空位同时形成，这就是肖特基缺陷。除这些缺陷外，当陶瓷中存在杂质时，正常晶格位置被杂质取代，形成取代固溶体，或在空隙中溶解形成填隙固溶体，它们的原子价被控制以维持电中性，形成格子缺陷。

点缺陷通常采用克罗格-明克(Krëger-Vink)标记法。图 4.11 的右下标 A 处表示元素形成缺陷，如果是在间隙中形成，就写为 I。B 处表示在 A 处存在缺陷

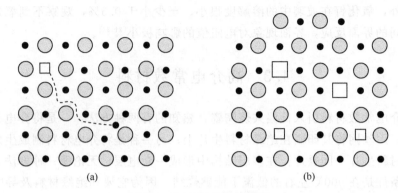

图 4.10　晶格缺陷示意图

(a)弗仑克尔缺陷；(b)肖特基缺陷

的一个元素。如果是空位，就以"V"表示。右上标的 c 处表示价平衡，如果价平衡是正，就用"·"表示，如果是负，就用"′"表示[28]。

下面叙述由晶格缺陷产生的电气特性。

1)正离子空位

正离子空位(V_m)处于价键附近，从价键俘获电子而成为电中性，在价键中形成空穴(图 4.12)。因此，正离子空位为受主，成为 p 型半导体。FeO 是具有代表性的一个例子，因为 Fe 化学计量不足，这类晶体是稳定的，在晶体中形成 Fe 空位 V''_{Fe}。其他已知的由正离子空位形成的 p 型氧化物半导体有 NiO 和 Cu_2O。

$$nil \longrightarrow V''_{Fe} + 2h^{\cdot}$$

$$B^c_A \qquad V^{\cdot\cdot}_O \qquad Ti^{\cdot}_{Al} \qquad Ca^{\cdot\cdot}_I \qquad Mg'_{Al}$$

图 4.11　Krëger-Vink 标记法

2)正离子间隙原子

正离子(MI)侵占晶格位置，从中性态电离，向导带释放电子(图 4.12)。为此，正离子形成空隙的原子，起着施主的作用，晶体形成 n 型半导体，典型的例子有 ZnO 和 SnO_2。

$$nil \longrightarrow Zn^{\cdot}_I + e'$$

3)氧离子空位

氧离空位(V_O)处于导带附近，释放自由电子，起着施主作用，它们形成 n 型半导体(图 4.12)。这种氧离子空位在低氧分压下，如还原气氛中热处理就易于形成。

$$nil \longrightarrow V^{\cdot\cdot}_O + 2e'$$

除了依照上述描述的纯晶体中的缺陷所形成的有半导体特性的材料以外，还

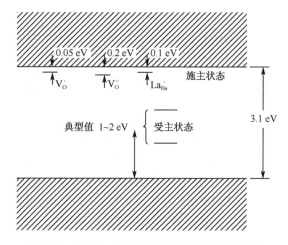

图 4.12　$BaTiO_3$ 中缺陷的施主能级和受主能级

有的是通过具有不同原子价的不同种类的原子的介入而成为半导体。例如，在 ZnO 晶体中，如果 Al_2O_3 在 ZnO 晶体中溶解，三价的 Al 取代二价的 Zn，按以下反应式生成 $Al_{Zn}^{\cdot}$：

$$Al_2O_3 \xrightarrow{(2ZnO)} 2Al_{Zn}^{\cdot} + 2O_O + \frac{1}{2}O_2 + 2e'$$

自由电子被释放发生离子化，所以它起作施主的作用。此外，如果 Li^+ 在 NiO 中溶解，生成 Li_{Ni}'，起着受主作用，生成 p 型半导体。

$$Li_2O + \frac{1}{2}O_2 \xrightarrow{(2NiO)} 2Li_{Ni}' + 2O_O + 2h^{\cdot}$$

如上所述，通过热处理气氛的影响和不同种类元素的加入，氧化物容易形成半导体，下面是用最普通的介电陶瓷钛酸钡（$BaTiO_3$）形成半导体的一个例子。图 4.13 表明了热处理温度及周围气氛氧分压不同时得到的钛酸钡的导电性的试验值[29,30]。如图所示，导电性是一凹形曲线。图中曲线的最低点的低氧分压一边（左侧）显示 n 型半导体，而高氧分压一边（右侧）则显示 p 型半导体。

图 4.14 表明了当钛酸钡中添加施主和受主时的导电性和缺陷密度的变化。如图所示，经添加施主和受主，有可能改变各型半导体的稳定性区域（导电性曲线最低点的位置）[31]。顺便提一下，如下述等式所示，氧化镧（La_2O_3）对钛酸钡起着施主的作用，而氧化锰（MnO）对钛酸钡起着受主的作用。

$$La_2O_3 \xrightarrow{(2BaTiO_3)} 2La_{Ba} + 2O_O + \frac{1}{2}O_2 + 2e'$$

$$MnO + \frac{1}{2}O_2 \xrightarrow{(BaTiO_3)} Mn_{Ti}'' + 2O_O + 2h^{\cdot\cdot}$$

当铜在低温共烧陶瓷中用做导体时，需要采用低氧分压烧结，否则，除介电

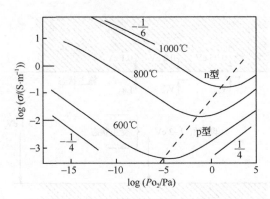

图 4.13　热处理温度和气氛中氧分压与未掺杂 BaTiO₃ 的电导
率之间的关系

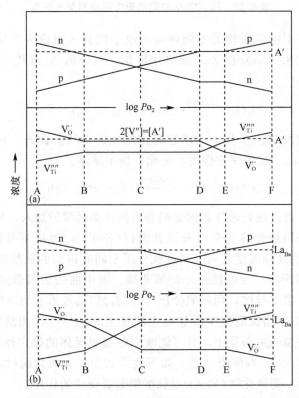

图 4.14　当在 BaTiO₃ 中加入施主或受主后,其电导率与缺陷密度的相
对值(计算结果)

材料变成半导体外,材料的绝缘性质也会消失,存在介电损耗增大的危险。在考
虑烧结环境的低氧分压时,需要加入作为受主的添加物来增加抗还原性,使 n 型

和 p 型半导体之间的转变点向低氧分压侧移动。

参 考 文 献

[1] Y. Imanaka，"Material Technology of LTCC for High Frequency Application"，Materials Integration，Vol. 15，No. 12，(2002)，pp. 44-48.

[2] Y. Imanaka，T. Shioga and J. D. Baniecki，"Decoupling Capacitor with Low Inductance for High-Frequency Digital Applications"，FUJITSU Sci. Tech. J.，Vol. 38，No. 1 June，(2002)，pp. 22-30.

[3] P. J. Holmes，R. G. Loasby，Handbook of Thick Film Technology，Electrochemical Publication Limited，(1976)，pp. 147-150.

[4] R. W. Vest，"Materials Science of Thick Film Technology"，Ceramic Bull.，Vol. 65，No. 4，(1986)，pp. 631-636.

[5] Electric Materials Handbook Volume 1 Packaging ASM International，Materials Park，OH，(1989)，pp. 344.

[6] T. Inokuma，Y. Taketa and M. Haradome，"The Microstructure of RuO_2 Thick Film Resistors and the Influence of Glass Particle Size on Their Electrical Properties"，IEEE Transactions on Components，Hybrids，and Manufacturing Technology，Vol. CHMT-7，No. 2，June(1984)，pp. 166-175.

[7] P. F. Carcia，A. Ferretti and A. Suna，"Particle size effects in thick film resistors"，J. Appl. Phys. Vol. 53，No. 7，July(1982)，pp. 5282-5288.

[8] J. Lee and R. W. Vest，"Firing Studies with a Model Thick Film Resistor System"，IEEE Transactions on Components，Hybrids，and Manufacturing Technology，Vol. CHMT-6，No. 4，Dec.，(1983)，430-435.

[9] A. Kusy，"Chains of Conducting Particles that Determine the Resistivity of Thick Resistive Films"，Thin Solid Films，Vol. 43，(1977)，pp. 243-250.

[10] A. Kusy，"On the Structure and conduction Mechanism of Thick Resistive Films"，Thin Solid Films，Vol. 37，(1976)，pp. 281-302.

[11] G. E. Pike and C. H. Seager，"Electrical Properties and Conduction Mechanisms of Rubased Thick-Film (Cermet) Resistors"，J. Appl. Phys.，Vol. 48，(1977)，pp. 5152-5168.

[12] D. P. H. Smith and J. C. Anderson，"Electrical Conduction in Thick Film Paste Resistors"，Thin Solid Films，Vol. 71，(1980)，pp. 79-89.

[13] P. J. S. Ewen and J. M. Robertson，"A percolation Model of Conduction in Segregated Systems of Metallic and Insulating Materials：Application to Thick Film Resistors"，J. Phys. D：Appl. Phys.，Vol. 14，(1981)，pp. 2253-2268.

[14] D. S. McLachlan，M. Blaszkiewicz and R. E. Newnham，"Electrical Resistivity of Composites"，J. Am. Ceram. Soc.，Vol. 73，No. 8，(1990)，pp. 2187-2203.

[15] V. K. Tagirov，D. M. Chizhikov，E. K. Kazenas and L. K. Shubochkin，Zh. Neorg. Khim.，Vol. 20，No. 8，2035 (1975)；Russ. J. Inorg. Chem.（Engl. Transl.）Vol. 20，No. 8，(1975)，pp. 1133.

[16] W. E. Bell and M. Tagami，"High-Temperature Chemistry of the Ruthenium-Oxygen System"，Physical Review，Vol. 67，Nov.（1963)，pp. 2432-2436.

[17] J. W. Pierce，D. W. Kuty and J. R. Larry，"The Chemistry and Stability of Ruthenium-Based Resistors"，Solid State Technology，Oct.（1982)，pp. 85-93.

[18] M. Hiratani, Y. Matsui, K. Imagawa and S. Kimura, "Hydrogen Reduction Properties of RuO_2 E-lectrodes", Jpn. J. Appl. Phys. Vol. 38, (1999), pp. L1275-L1277.

[19] L. K. Elbaum and M. Wittmer, "Conducting Transition Metal Oxides: Possibilities for RuO_2 in VLSI Metallization", J. Electrochem. Soc. : Solid-State Science and Technology, Oct. , (1988), pp. 2610-2614.

[20] Y. Kaga, Y. Abe, M Kawamura and K. Sasaki, "Thermal Stability of Thin Films and Effects of RuO_2 Annealing Ambient on Their Reduction Process", Jpn. J. Appl. Phys. Vol. 38, (1999), pp. 3689-3692.

[21] A. Prabhu, G. L. Fuller and R. W. Vest, "Solubility of RuO_2 in a Pb Borosilicate Glass", J. Am. Ceram. Soc. , Vol. 57, No. 9, (1974), pp. 408-409.

[22] Y. M. Chiang, L. A. Silverman, R. H. French and R. M. Cannon, "Thin Glass Film between Ul-trafine Conductor Particles in Thick-Film Resistors", J. Am. Ceram. Soc. , Vol. 77, No. 5, (1994), pp. 1143-1152.

[23] J. V. Biggers, G. L. Marshall and D. W. Strickler, "Thick-Film Glass-Ceramic Capacitors", Solid State Technology, May (1970), pp. 63-66.

[24] H. Mandai et al. , Ceramic Science & Technology Congress Proceedings, (1990), pp. 391.

[25] B. E. Walker Jr. , R. W. Rice, R. C. Pohanka and J. R. Spann, "Densification and Strength of Ba-TiO_3 with LiF and MgO Additives", Ceramic Bull. , Vol. 55, No. 3, (1976), pp. 274-276.

[26] J. M. Haussonne, G. Desgardin, PH. Bajolet and B. Raveau, "Barium Titanate Perovskite Sintered with Lithium Floride", J. Am. Ceram. Soc. , Vol. 66, No. 11, (1983), pp. 801-807.

[27] S-J. Jang, W. A. Schulze and J. V. Biggers, "Low-Firing Capacitor Dielectrics in the System Pb $(Fe_{2/3}W_{1/3})O_3$-$Pb(Fe_{1/2}Nb_{1/2})O_3$-$Pb_5Ge_3O_{11}$, $Pb(Fe_{2/3}W_{1/3})O_3$-$Pb(Fe_{1/2}Nb_{1/2})O_3$-$Pb_5Ge_3O_{11}$", Ce-ramic Bull. , Vol. 62, No. 2, (1983), pp. 216-218.

[28] P. Kofstad, Nonstoichiometry, Diffusion, and Electrical Conductivity in Binary Metal Oxides, Wi-ley, New York (1972).

[29] N. H. Chan and D. M. Smyth, "Defect Chemistry of $BaTiO_3$", J. Electrochem. Soc. , Vol. 123, No. 10, (1976), pp. 1584-1585.

[30] N. H. Chan R. K. Sharma and D. M. Smyth, "Nonstoichiometry in Undoped $BaTiO_3$", J. Am. Ce-ram Soc. , Vol. 64, No. 9, (1981), pp. 556-562.

[31] D. M. Smyth, Prog. Solid State Chem. , Vol. 15, (1984), pp. 145-171.

第二部分　工艺技术

第5章 粉料准备和混合

第2章至第4章重点介绍了低温共烧陶瓷的材料技术。本章至第9章将叙述低温共烧陶瓷的生产过程技术。然而，为了避免与陶瓷的一般制造过程重复，本书侧重低温共烧陶瓷的独特工艺过程及过程中出现的现象。低温共烧陶瓷总的制造过程已经由第1章图1.3表明。

制造过程的主要工序是：粉料准备、混合、流延、冲片、冲孔、绘图、叠层和烧结。各工序的细节在以下各章中叙述。

5.1 引　　言

在低温共烧陶瓷的制造过程中，第一步是粉料准备。粉料准备包括原材料选择，各材料在经各种预处理（热力、化学和机械）以后，再进行配料合成以达到所要求的材料。混合低温共烧陶瓷用的粉料时，需要用到无机陶瓷粉料（陶瓷粉料和玻璃粉料）和各种各样的有机材料。通常，所用的有机材料是黏结剂、增塑剂、分散剂和溶剂。不管使用哪种原材料，有机材料都要精心地选择，因它们对成型性能有很大的影响。

各种材料称量以后，再在球磨机或类似设备中混合。制备流延所用料浆的过程就是一个混合过程，这与普通陶瓷的制造过程是相同的。下面各节将叙述无机材料和有机材料的各种特殊性能，其中也包括料浆的特性，这对低温共烧陶瓷的制造是必须了解的。

5.2 无机陶瓷材料

正如第1章所介绍，低温共烧陶瓷中，介电陶瓷的主要类型是玻璃/陶瓷复合材料和结晶玻璃。对原材料的特性要求随类型的不同而不同。

对于玻璃/陶瓷复合材料，至少要用两种无机粉料，如陶瓷和玻璃粉料，因此要求材料电荷特性的差别尽量小。如果在两种粉料的表面分别形成正的和负的电荷，就会相互吸引，出现不同类型材料粉料的聚集。如果两种粉料形成相同的电荷且电荷量相差很大，同种粉料能够通过排斥而避免聚集。当选择粉料的颗粒直径和比表面积时，需要考虑到适合成型的黏结剂加入量和在烧料结时玻璃的流动性。如果粉料的颗粒直径小和比表面积大，为便于成形，就需要增加黏结剂的加入量，这样生片中粉料的填充比就会降低。因而在烧结时，烧结收缩就会增大。如果烧结收缩比加大，各部位的收缩也可能存在大的差异，为此总希望粉料的颗粒直径大而比表面积小一些。此外，重要的是，为了使玻璃更有效地液化，采用小颗粒的玻璃是合适的。具有较大颗粒直径的陶瓷粉料有利于玻璃渗入陶瓷颗粒之间的毛细管，增加流动性。顺便提一下，为了提高玻璃/陶瓷复合材料的强度，当难以实现高密度的烧结时，用精细的陶瓷颗粒来改善烧结是有效的，这就需要按照产品的用途，确定最合适的颗粒直径。为了得到均匀致密的烧结体，总希望两种粉料的粒度分布窄一些，颗粒尺寸应相互接近。如果粒度分布宽，复合材料部件将不规则，甚至产生不均匀空孔。

　　在晶化玻璃型的低温共烧陶瓷中，由于用一种陶瓷粉料，不需要考虑它的电荷特性。然而，为了达到同质结构，希望颗粒尺寸有一个集中的分布，需要决定粉料的颗粒尺寸和比表面积，同样地要兼顾到玻璃/陶瓷复合材料的成型性和烧结性。

5.3　有机材料

　　低温共烧陶瓷制造中常用的有机材料是黏结剂，它能增加成型性并赋予坯件一定的强度。可塑剂使浆料具有流变性，赋予坯件一定的可塑性和柔软性。分散剂是一种添加剂，能够控制浆料的 pH 和颗粒表面电荷，提供颗粒之间的位阻，分散凝聚的颗粒。防沫剂可防止料浆中出现泡沫。表面处理耦合剂用降低表面张力的方法来改善陶瓷粉料的湿润性。还有非水溶性有机溶剂。基本上这些有机材料都是添加到所有中间产品——料浆、生片和生片叠层体中，是关系到中间产品特性的添加物质。然而，由于它们在最终烧结时都必须完全消除，所以，所用的各种添加物都希望控制在最小量。表 5.1 示出了作为添加剂的典型有机材料[1,2]。各种添加剂的详细介绍包含在以下各节中。

表 5.1　低温共烧陶瓷中用做添加剂的有机材料

非水溶性有机材料	
溶　　剂	胶
丙酮	乙酸丁酸纤维素
苯	丁酸酯
溴氯甲烷	硝酸纤维素
乙酰丙酮	石油树脂
丁醇	聚乙烯
乙醇	聚丙烯酸酯
丙醇	聚甲基丙烯酸甲酯
甲基异丁基酮	聚乙烯醇

续表

非水溶性有机材料	
溶 剂	胶
甲苯 三氯乙烯 二甲苯	聚乙烯醇缩丁醛 聚氯乙烯 聚甲基丙烯酸酯 乙基纤维素 松香酸树脂

可塑剂	分散剂	润湿剂
邻苯二甲酸丁酯苯偶酰 邻苯二甲酸二丁酯 硬脂酸丁酯 邻苯二甲酸二甲酯 松香酸甲酯 酞酸酯混物合 聚乙二醇衍化物 磷酸三甲苯酯	脂肪酸（三油酸甘油酯） 鱼油 合成表面活性剂（苯磺酸） 油溶性磺酸盐 油酸环氧乙烷加成物 失水山梨醇三油酸酯 磷酸酯 硬脂酸酰胺环氧乙烷加成物 鲱鱼油 普通沙丁鱼油 辛二烯	烷基芳基聚醚醇 聚乙二醇乙醚 乙基苯乙二醇醚 聚氧乙烯酯 单油酸甘油 三油酸甘油

水溶性有机材料	
溶 剂	胶
水 （异丙醇也能用） 蜡，有机硅 和非离子表面活性剂用做防沫剂	丙烯酸聚合物 丙烯酸聚合物乳液 环氧乙烷聚合物 羟乙基 纤维素 甲基纤维素 聚乙烯醇 异氰酸酯 蜡润湿剂 水性聚氨酯 甲基丙烯酸共聚物盐类 乳化蜡 乙烯-醋酸乙烯酯共聚物乳液

水溶性有机材料		
可塑剂	分散剂	润湿剂
邻苯二甲酸丁酯苯偶酰	磷酸盐	非离子型辛基苯氧乙醇
邻苯二甲酸二丁酯	磷酸复盐	非离子表面活性剂
乙基甲苯磺胺胰高糖素	天然钠	
聚烷基乙二醇	芳磺酸	
二缩三乙二醇	丙烯酸预聚物	
磷酸三丁酯		
多元醇		

5.3.1　黏结剂

　　低温共烧陶瓷中使用的黏结剂要满足料浆制备、生片和叠层体各个工序的功能和作用的要求。在料浆制备的混合工序中，黏结剂与其他有机材料的溶解性及与无机材料粉料的湿润性是重要的因素，黏结剂的型号和种类对料浆的黏性行为有很大的影响。在由料浆制成生片过程中，确保生片中不会出现裂纹等缺陷是很重要的。在防止出现裂纹方面，流延时的干燥条件，以及黏结剂本身的机械性质都是重要的因素。在生片制成之后，直到叠层工序，在脱载膜、冲片和冲孔时，生片有良好的机械强度并有良好的可操作性和柔软性是很重要的。除此之外，存放生片时，应尽量减小由于环境条件(如温度、湿度等)的改变引起生片尺寸改变。在印刷工序，当用电极油墨印刷电路图形时，黏结剂必须不溶解于油墨溶剂中，也不会被油墨中的溶剂湿润。在叠层的热压工序，因为黏结剂起着将单个生片胶黏在一起的作用，它应该有良好的胶黏性质。而且，在热压胶结过程中，黏结剂不应该气化而使生片各层之间留下气隙。重要的是，适当的气孔便于生片的成形。在烧结过程中，黏结剂逐渐地经受热分解，最后所有的残留物都全部被除去。

　　图 5.1 示出了典型树脂黏结剂在空气中加热的分解行为。如图所示，不同类型的黏结剂最终的热分解温度不同，丙烯酸聚合物有最佳的热解性质。当铜用做低温共烧陶瓷中的电路材料时，必须特别留心黏结剂的热分解行为，因为用的是低氧浓度气氛，甚至在烧结后，黏结剂会在陶瓷中残留[3]。

　　通常，聚合物材料在高温加热时分解，该成分会全部或部分消失。当在空气中加热时，由于空气中氧的存在，部分聚合物首先氧化，生成过氧化氢基团和羰基基团等的氧化物。这样，聚合物分解，它们的分子量降低。接着，当温度接近所产生氧化物的沸点时，它们就会蒸发，质量减小。当在惰性气氛中加热时，由于不存在氧，就不会氧化。然而，当温度上升到一个特定的温度时，正如人们所料想的，主链、侧链断开并发生交联，物质逐渐变成低分子，结果可以观察到质

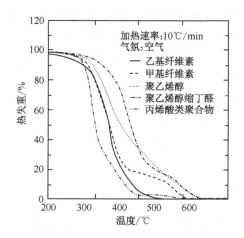

图 5.1　典型树脂黏结剂的热解行为(空气中加热)

量损失。聚合物的热分解机制(高温分解)是复杂的，而且各材料有其独自的特性，粗略地可将热分解机制分成两种形式(图 5.2)。

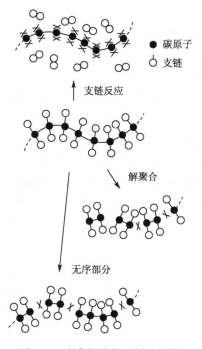

图 5.2　聚合物热解(裂解)机制

　　其一，举例来说，当聚乙烯被加热时，主链随机断裂，解体成大小不一的片段。其二，以聚甲基丙烯酸甲酯为例，聚合物主链的两端或主链的一些部分断裂。在链反应中，单体从新建立的端头逐一地分离，通过聚合的相反过程，完全分裂成单体，这就是解聚作用。通常，这类物质采取中间形式。例如，聚苯乙烯一部分分解成单体，而其他部分不会成为单体，这部分仍占相当比例。此外，像聚丙烯腈，侧链首先反应，丧失其低分子。接着，产生环化和交联，形成碳渣。热固性聚合物，如改性聚酯、环氧树脂、酚醛树脂、硅树脂等，通常是部分分解成低分子的分解产物，而大部分物质是碳渣。

　　基于上述几点考虑，当决定使用黏结剂的类型时，除聚合物的种类外，还必须确定聚合度和分子量。

5.3.2　可塑性

　　可塑性是固体在外力作用下发生形变并保持形变的性质。当可塑剂加入到各种黏结剂中时，树脂的玻璃转变点和熔点就会降低，使它柔软，便于成形。

　　低温共烧陶瓷生片所用可塑剂的质量要求如下：

　　(1) 与树脂黏结剂有良好的兼容性；

　　(2) 沸点高，蒸气压低；

　　(3) 高的可塑效率；

　　(4) 对热、光和化学物质的稳定性；

　　(5) 在低温下有极好的柔软性；

　　(6) 与其他物质接触时，可塑剂不易迁移等。

　　塑化有两种技术，即外部塑化和内部塑化。采用这两种技术，各聚合物之间的距离增大，且聚合物之间的结合强度减弱，使微观-布朗运动容易发生，从而赋予柔韧性(图 5.3)。内部塑化是用化学方法，如共聚合作用、原子团置换等的一种方法。例如，含氯原子的氯乙烯，其分子间的力是很强的，但是当与长侧链的物质，如乙酸乙烯酯共聚时，它的玻璃转变点会降低。外部塑化是通过物理混合提供可塑性的一种方法。混合第一种与树脂兼容的增塑剂，再混合第二种兼容性小的增塑剂，这样，增塑剂和聚合物链和包络聚合物链的极性基团相结合，聚合物之间的空间增大。

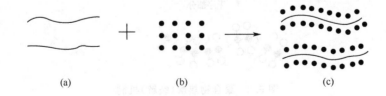

(a)　　　　　　　　　　(b)　　　　　　　　　　(c)

图 5.3　塑化示意图

(a)聚合物；(b)可塑剂；(c)增塑聚合物(分子间距离增大)

在成形低温共烧陶瓷生片时，由于邻苯二甲酸二丁酯与黏结剂有良好的兼容性，所以经常使用，当在黏结剂中的加入量为 10%～30% 时，能够获得满意的结果。

5.3.3　分散剂和料浆的分散性

在分散料浆中的陶瓷颗粒时，存在两个因素[4]：一个是利用颗粒电荷的排斥；另一个是利用颗粒表面吸收的分散剂的空间位阻作用。当用前者时，控制颗粒表面电位是决定料浆稳定性的关键[5]。

电中性在颗粒表面附近建立，具有相反符号的电荷，等于表面电荷，以离子的形式在颗粒表面周围像云一样聚集（图5.4）。这种结构中，吸附在颗粒表面的这一层称为斯特恩层。此外，通过静电吸引力和热运动扩散力之间的平衡分配而存在的这一层称为扩散双电层。如果一个外部电场施加于这种分散系统，颗粒和扩散双电层相当于电气相反符号的电极，在"滑动面"的边界处就会发生相对运动。这种滑动面的电势称为 ζ 电势，用做表面电势的度量[6~8]。

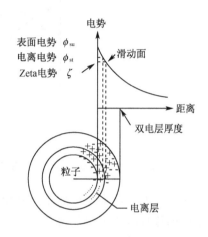

图 5.4　溶液中粒子周围的离子分布

ζ 电势取决于颗粒表面的电荷密度和分散剂的浓度和类型等。颗粒的表面电位显著不同于材料的酸度或碱度，即使是同一种物质，由于制造方法和热处理条件等的不同其值略有不同（表 5.2 和图5.5）。虽然表面电位随溶液的 pH 的改变而改变，表观表面电势为零时的 pH 称为等电位点，在此 pH 时颗粒发生聚集[9~11]。

表 5.2　各种氧化物和氢氧化物的等电位点

氧化物和氢氧化物	等电位点	氧化物和氢氧化物	等电位点
MgO	12.4	CeO_2	6.75
La_2O_3	10.4	TiO_2	6.7
ZrO_2	10～11	SnO_2	6.6
BeO	10.2	SiO_2	1.8
CuO	9.4	WoO_3	−0.5
ZnO	9.3	$Co(OH)_2$	11.4
α-Al_2O_3	9.1	$Ni(OH)_2$	11.1

续表

氧化物和氢氧化物	等电位点	氧化物和氢氧化物	等电位点
$\alpha\text{-}Fe_2O_3$	9.04	$Zn(OH)_2$	7.8
Y_2O_3	9.0	$\gamma\text{-}FeO(OH)$	7.4
$\gamma\text{-}Al_2O_3$	7.4~8.6	$\alpha\text{-}FeO(OH)$	6.7
Cr_2O_3	7.0	$Al(OH)_3$	5.0~5.2

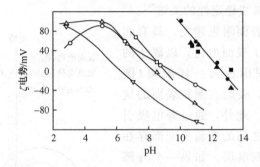

图 5.5　Al_2O_3(空心标记)和 MgO(实心标记)的 ζ 电势和 pH 的关系

对于低温共烧陶瓷中的单一系统材料，如结晶玻璃和类似材料，分散性可考虑用等电势材料和采用能使 ζ 电势提高的一定 pH 的分散溶剂来改善。当使用两种或多种陶瓷颗粒时，有必要综合考虑带电电势，根据需要来添加离子(阴离子，阳离子)分散剂，调节表面电势。此外，如果不考虑颗粒的表面电势，添加非离子分散剂以形成聚合物吸附层(图 5.6)，通过空间位阻作用而实现分散也是一种有效的方法[12~14]。

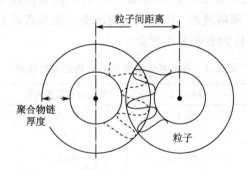

图 5.6　聚合物吸附产生的立体稳定效应图

通常，正如图 5.7 所示，分散剂是一种化合物，其分子中，一部分是亲水基，一部分是亲油基。在溶剂中溶解时，它们黏附在颗粒表面，自我定位，并通过减小表面张力而呈现本身的各种特性。HLB 值(亲水亲油平衡值)是表示亲水基和亲油基之间力量平衡的一个量值[15,16]。

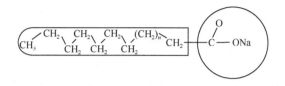

图 5.7　分散剂的基本结构

(左：亲油部分，右：亲水部分；例如：脂肪酸钠)

$$HLB = \{M_w / (M_w + M_O)\} \times 20$$

式中，M_w 为亲水分子量；M_O 为亲油分子量。

就有机浆料而言，HLB 值对生片的密度有显著的影响。例如，对于 $1\mu m$ 或更小的氧化铝粉料，用一种 HLB 值是低亲油分子量的分散剂就能防止粉料的聚集，改善它的分散性。如果所加分散剂的量增加，超过一定的浓度，溶液的性质就会突然改变。如果小量添加，它在溶液中仍处于单分子溶解状态，但是，当超过一定的浓度时，有可能突然生成胶体聚合和胶束。胶束生成的最小浓度称为临界胶束浓度(CMC)。分散剂必须在 CMC 水平以上时使用。如果分散剂在低浓度使用，这就降低了表面能的作用，其他特性也突然恶化[17]。然而，如果加入量过分，就会形成胶束，相互牵连，失去表面活化作用。

参 考 文 献

[1] R. E. Mistler, "Tape Casting: The Basic Process for Meeting the Needs of the Electronic Industry", Ceramic Bull., Vol. 69, No. 6, (1990), pp. 1022-1026.

[2] K. Saito, "Use of Organic Materials for Ceramic-Modeling Process-Binder, Deffloculant, Plasticizer, Lubricant, Solvent, Protective Colloid-", J. of the Adhesion Society of Jpn, Vol. 17, No. 3, (1981), pp. 104-113.

[3] K. Saito, "Organic Materials for Ceramic Molding Process", Bull. Ceram. Soc. Jpn., Vol. 18, No. 2, (1983), pp. 98-102.

[4] G. D. Parfitt, Dispersion of Powders in Liquids, American Elsevier, New York, (1969), pp. 315.

[5] R. E. Mistler, R. B. Runk and D. J. Shanefield, Eramic Fabrication Processing Before Firing, Edited by G. Y. Onoda and L. L. Hench, Wiley, New York, (1978), pp. 411-448.

[6] A. Kitahara, "Electrokinetic Potential-Zeta Potential", Bull. Ceram. Soc. Jpn., Vol. 19, No. 1, (1984) pp. 38-42.

[7] K. Tamaribuchi and M. L. Smith, J. Colloid Interface Sci., Vol. 22, (1966), pp. 404.

[8] L. Gouy, J. Phys., Vol. 9, 457 (1910); Ann. Phys., Vol. 7, (1917), pp. 129; D. L. Chapman, Phil. Mag., Vol. 25, (1913), pp. 475.

[9] G. A. Parks, Chem. Rev., 65, (1965), pp. 177.

[10] R. H. Ottewill and A. Watanabe, Kolloid-Z. , Vol. 107, (1960), pp. 132.

[11] J. B. Kayes, J. Colloid Interface Sci. , Vol. 56, (1976), pp. 426.

[12] E. W. Ficher, Kolloid-Z. , Vol. 160, (1958), pp. 120.

[13] R. H. Ottewill, T. Walker, Kolloid-Z. u. Z. Polymere, Vol. 227, (1968), pp. 108.

[14] D. H. Napper and A. Netschey, "Steric Stabilization of Colloidal Particles", J. Colloid Interface Sci. , Vol. 37, No. 3, (1971), pp. 528-535.

[15] R. W. Behrens and W. G. Griffin, J. Soc. Cosmet. Chem. Vol. 1, (1949), pp. 311.

[16] J. T. Davies and E. K. Rideal, Interfacial Phenomena, Academic Press, New York and London, (1963), pp. 343-447.

[17] K. Shinoda, T. Nakagawa, B. Tamamushi and T. Isemura, Colloidal Surfactants, Academic Press, New York and London (1963).

第6章 流　　延

6.1　引　　言

陶瓷粉料和各种有机材料，如黏结剂、分散剂和溶剂按照一定的配比用球磨机混合以后，所成料浆就可制成生片。生片是形成最终产品的中间产品，但低温共烧陶瓷烧结后的质量很大程度上取决于生片的质量。这是因为多层基板的形成，如冲孔、开孔、电路配线、多层构成等都是烧结前在生片状态时实现的。流延时，为了达到预定的生片特性要求，必须认真考虑所用料浆的质量和流延条件。

本节将介绍生片流延的要点和制备料浆的注意点。此外，必须仔细考虑从形成工序直到印刷工序每一步的生片特性。第5章已论述了原材料准备和混合以获得料浆所要注意的事项，本节将进一步阐明料浆的特性及料浆在球磨机中混合以后的流延必须考虑的问题。

6.2　流 延 设 备

低温共烧陶瓷流延生片所使用的设备示于图6.1。目前，各种流延设备正在制造，但总的来说，这些设备包括载片输送带、流延头、喂浆机、干燥区和收片单元[1,2]。载片输送带履行输送塑性载片带的任务，它从转动轴上反馈至流延头。由于塑胶带是流延生片的载运者，要求它无皱纹，以平稳的速度直线运行。陶瓷浆料在流延头处向塑胶带喂料。为了生产可靠且连续的陶瓷生片，浆料分配器定量向流延头喂料[3,4]。干燥区驱出流延陶瓷浆料中的溶剂而得到干燥的生片[5,6]。干燥通常利用红外线加热器或热空气。干燥温度的设定要顾及料浆的干燥速率和载送带的运行速度。收片单元卷起干燥的陶瓷生片。有的收片单元可以从载送带上卸下生片，而其他继续运行。PET(聚对苯二甲酸乙二醇酯)通常用做载送带。根据需要，有时为了改善剥脱性而使用有机硅脱模剂。

图6.2是流延头示意图，流延头是流延机的核心，该技术被称为刮刀法，其中，与刮刀锋形成一定尺寸的缝隙。料浆定量地提供给浆罐，随着载送带的运行，陶瓷浆料从头部被挤出，形成薄片。在料浆液面高度所决定的压力作用下，随着载送带的运行，料浆从刀锋形成的缝隙中被挤出[7,8]。这些因素之间的关系，可结合下列等式分析：

$$t = \alpha \left(\frac{\rho g H}{12\mu l V_0} h^3 + \frac{h}{2} \right)$$

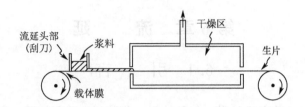

图 6.1 生片流延设备示意图

式中，t 为生片厚度；g 为重力加速度；l 为刀片厚度；α 为干燥收缩率；H 为料浆液面高度；V_0 为载送带速度；ρ 为密度；μ 为料浆黏度；h 为刀锋间隙。

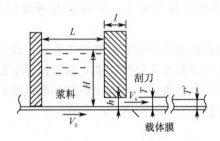

图 6.2 典型的流延头及其稳定片厚的流延口示意图

V_x：料浆流动速度；T：料浆通过刮刀后的即时厚度；

T'：干燥后的生片厚度

为了控制生片的厚度，需要控制刀锋间隙，载送带运行速度和浆罐中的液面高度等[9,10]。当料浆被挤出时，还必须考虑到刀片受冲力的作用而稍微扩大刀锋缝隙的情况。

控制外部因素，如上所述各项，以及控制内部料浆的材料因素以达到适当的黏性行为，对稳定生片厚度和生片质量是非常重要的。

6.3 料 浆 特 性

用刮刀法流延所用的料浆是包含陶瓷粉料和树脂的高浓度非牛顿流体系统，呈现出触变性。印刷用的导电油墨将在下章详细介绍。触变性是指浆料在剪切力作用下黏度降低而剪切力消除后，黏度又恢复的性能，这是流延所用的一个重要特性（图 6.3）。换言之，当料浆与流延头接触时，其黏度下降，而其流动性增加。流延后，黏度增加可防止不必要的生片扭曲。不过，由于触变性呈现不稳定行为，随着时间的推移等问题，黏度也随之改变，这就要使生片很快干燥以固定其形状。

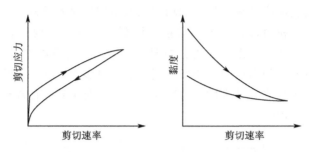

图 6.3　陶瓷浆料的流动曲线和黏度曲线

用刮刀法流延时，剪切速率是由载送带的运行速度和刀锋间隙的大小决定的。陶瓷浆料的黏性行为如图 6.3 所示。当剪切速率增加时，黏度下降。由于黏度相对于剪切速率的斜率不大，所以剪切速率越大，黏度变化越小。因此，若载送带的运行速度增大和刀锋间隙减小，当料浆与流延机头接触时，其黏度就可稳定下来，这对控制生片的厚度是非常有效的。

一般而言，料浆经历的时间愈长，剪切应力和剪切速率愈大，如图 6.3 所示。众所周知，如果料浆中的粉料是粒状或针状，它就有取向性[11,12]。图 6.4 示出了流延后和烧结后生片厚度在 x 轴和 y 轴上收缩率的差异。有一种趋势，

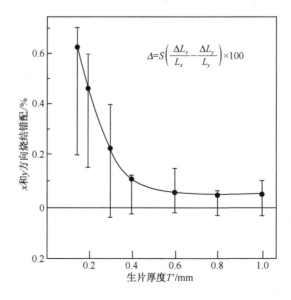

$$\Delta = S\left(\frac{\Delta L_x}{L_x} - \frac{\Delta L_y}{L_y}\right) \times 100$$

图 6.4　流延后和烧结后生片厚度在 x 轴和 y 轴收缩率的差异

就是薄片在 x 轴和 y 轴上的烧结收缩率较大，这很可能是由于薄片中的颗粒更易于取向。此外，具有高剪切率的流延有利于消除和均匀分散料浆中固有的气相，同时，对实现最终形成生片中的均匀孔隙结构也是有效的。

　　料浆中的陶瓷粉料最好是均匀分散在溶剂中，这就需要优化分散剂的添加量，关于这一点已在前面作过介绍。如图 6.5 所示，当只添加小量的分散剂时，气相残留在粉料凝聚的团块中。相反，当添加量过多时，又会产生絮凝。无论是多是少，都会导致料浆的黏度增大。这就要通过实验来获得使粉料分散而黏度又较低时分散剂的添加量。

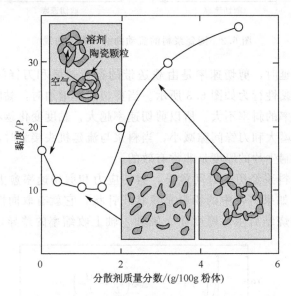

图 6.5　浆料中分散剂含量与粉体构型之间的关系
左起构型：团聚，分散，絮凝

　　尽管料浆本身的黏度不会显著改变，但是将制备的料浆在减压的环境中稳定一段时间，排出料浆中的溶剂和消除气相，这对黏度的控制是有利的。

6.4　生　　片

　　为了实现最终烧结产品的稳定特性，对流延生片提出了各种特性要求。下面分别介绍生片的要求、生片的评价方法及影响生片特性的各种材料、制造方法和环境参数，其中也包括了达到稳定特性的工艺过程。

6.4.1　生片的特性要求

　　生片由陶瓷粉料、黏结剂、树脂材料(如增塑剂，分散剂)及空孔组成。如果各成分分散均匀，它就是 x 轴、y 轴和 z 轴三维立体均一结构。从宏观结构的观点来看，生片的厚度应当是一致的（因为生片的厚度已规定为多层基板中绝缘层一层的厚度，这是关系到传输电路特性阻抗的一个重要因素）。生片应当呈现小的各向异性，没有宏观缺陷，如伤痕或裂纹。表面应当平整光滑，生片顶部和底部的微观结构没有差异。

在各个制造过程中，为了完成特定特性要求的中间产品，下列问题必须加以考虑。生片剥离载送带后或存放时，其尺寸和特性的改变应尽量小。如果在生片表面印刷电路图形或下料、冲孔以后，生片尺寸发生改变，那么多层结构中，上下层生片就会不匹配，出现导电性缺陷等问题。此外，生片应当有一定的机械强度（硬度和拉伸）以适合各工序的操作，否则生片剥离载送带时，也许会出现伸长或损坏等情况。如上所述，切片和冲孔过程中由于形成的微孔的错位可能造成开路或短路。基于这些原因，希望生片有良好的可操作性，其中的加工废料不粘住生片，加工过程中，生片的形状也应满足设计要求。在印刷过程中，生片的表面应有一定的光洁度。通过丝网印刷的压力所印成的导电油墨应当与生片有良好黏附，印刷后，油墨中所含的媒质应当与生片有良好的兼容性，生片应有渗透性，能吸收油墨。印刷图案不应有模糊不清的地方。对于叠层，生片必须有弹性和热塑性，同时各层能良好地黏附在一起，没有任何扭曲。

6.4.2　生片的评价方法

目前，生片的评价方法主要依赖于现场经验，尚未制定完全的评价方法。下述方法通常在实际中使用，被视为有效的生片质量控制方法。

1. 表面粗糙度[13]

由于生片的表面粗糙度受到陶瓷粉料颗粒尺寸和聚集的影响，生片中原料的分散性可考虑是一个有关的衡量因素。然而，生片的表面状况受到过程条件，如黏度性质和干燥条件等的影响，这种影响随生片的厚度不同而不同，生片愈薄，干燥愈快。因此，由于生片没有进行充分校平，致使表面粗糙度增大。增加原料中树脂成分的量，没有分散性的影响，可使表面光滑。基于这个原因，比较绝对值和讨论分散性是没有意义的。然而，当改变其中一种材料或制造工艺参数，从实测值进行分散状态的相互比较，这是很有效的。当在生片上形成精细线时，提高印刷适应性，这也是评价生片表面粗糙度的一个重要方面。

表面粗糙度是用表面粗糙度测量仪在一个固定的扫描距离内测量表面外形轮廓，再通过数字转换而获得的。决定数值有很多不同的方法，但一般来说，使用图 6.6 所示的三种方法。R_a 是中心线表面粗糙度，其值是表面轮廓线的积分除以测量距离。R_{rms} 表示其均方根值。轮廓中的最高点表示最大粗糙度。

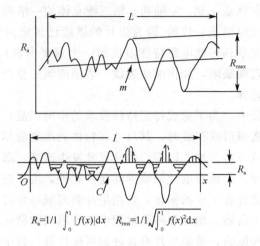

$$R_a=1/1\int_0^1 |f(x)|dx \qquad R_{rms}=1/1\sqrt{\int_0^1 f(x)^2dx}$$

图 6.6　表面粗糙度的标记方法

R_a：中心线平均粗糙度；I：测量高度；C：中心线；R_{rms}：均方根粗糙度；
R_{max}：最大高度

　　材料表面的反射强度与表面粗糙度有关，如图 6.7 所示，作为一种测试方法，对生片的生产控制是有效的[14]。通常熟知的指标是使用光洁度。光从一个标准的光源照射在样品的表面上，由一个光电探测器测量反射光而得到相应的数值，如图 6.8 所示。如果入射光被固定，而改变探测器的角度，当光电探测器旋转 60°～75°时，所得的最大值就是反射系数。在这个角度，对样品的表面粗糙度最敏感的是在其最高点，由于样品的一个微小的表面粗糙度变化，都会使反射系数产生很大的变化，这就有可能将表面粗糙度的微小差异转换为数值。

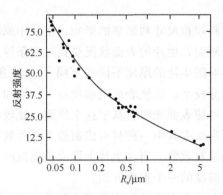

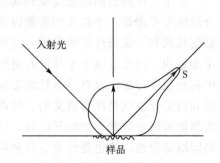

图 6.7　反射强度和表面粗糙度 R_a 之间的关系　　　图 6.8　样品表面反射光的分布

2. 拉伸试验[15]

拉伸强度和延伸率是表示生片力学性质的两项目指标，通常通过拉伸试验来进行。塑性材料拉伸试验试样的外形如图 6.9 所示。试验夹具丁字头的速度约为 0.5mm/min。图 6.10 示出了生片拉伸试验时应力-应变线的应变速率。应变速率表明，拉伸强度和延伸率在断裂时显著改变。拉伸性能的测试样本是挥拳打出来的绿色板材与模具，并形成了一个特定的形状。这意味着在生片加工过程中需要非常小心操作。拉伸试验的试样用模具将生片冲成规定的形状。如果在试验区域存在任何刻痕、凹口等，就会使试验数据不精确，因此在制作试样时，要特别小心。

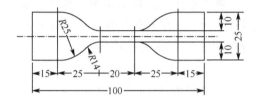

图 6.9　生片拉伸试验样品（单位：mm）

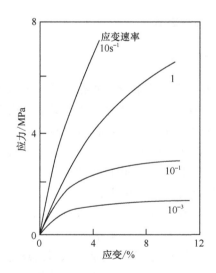

图 6.10　生片拉伸试验结果（以应变为自变量）

3. 透气性

这种方法通常用于评价塑性薄膜的气密性。

一个密封容器中充以一定压力的氦气，试验片与外部空气接触，气体从试验片平面泄漏，测量回复到外部气压的时间[16,17]，透气性 K 用 D'Arcy 等式计算。当这种方法用于生片时，对于透气性测量值没有什么特别重要的附加。然而，事实上，用测得的数值能够计算生片中空孔量及其结构，这对比较生片的质量是一个很有效的方法。

$$K = Vh\mu/(S\Delta P\tau)$$

式中，V 为流过试样的量(m^3)；h 为试样的厚度(m)；μ 为气体的黏度($N \cdot s/m^2$)；S 为试样面积；ΔP 为压力差(N/m^2)；τ 为恢复到正常压力所需时间(s)。

除上述方法外，常被采用的方法是用扫描电子显微镜研究微观结构的表面，用冷冻切片方法研究断裂表面(该方法是含有塑胶的软生片在低温下冷冻后切断以获得脆性断裂表面)。将水银注入试样的水银孔隙率计也是进行试样之间空孔特性比较的一项有效技术[18,19]。由于空孔的直径、分布和数量可通过下面等式的关系直接测量，很容易将所得结果转换成数字。

$$d = 2\sigma\cos\theta/P$$

式中，d 为空孔直径；σ 为表面张力；θ 为接触角；P 为压力。

如下所述，从相关位置对生片取样，通过加热测量质量损失，就可得到黏结剂的分布。

6.4.3　影响生片特性的各种因素

1. 空孔和有机成分的影响

生片的力学性质是由有机成分本身，如黏结剂、增塑剂等的力学性质，并通过成分颗粒的几何列排(颗粒分散性)及生片的孔隙率来决定的。

图 6.11 是生片中黏结剂的量和陶瓷颗粒间距的关系的示意图[20]，即使黏结剂的量增加，一直增到某一特殊的量处，而陶瓷颗粒间距都不会改变(区域 I)。在这个区域内，黏结剂主要处在生片中排列的陶瓷颗粒的间隙中。加入量再增加时，再继续填充。于是，颗粒的表面覆盖一黏结剂的薄层。图中的 II 表示临界点，该点处加入的黏结剂填满颗粒的所有间隙。在临界点后的范围区域 III 中，当加入的量更多时，颗粒之间形成黏结剂相。其结果是陶瓷颗粒间距增大。从范围 I 到范围 II，存在一种趋势，即生片的密度随着黏结剂加入量的增加而增加。另一方面，在范围 III 中，当黏结剂加入量增加时，生片的密度下降。生片的质量接近树脂的质量，而其热力学性质，如伸长率和热塑性及尺寸稳定性在高温时显著变坏。区域 I 到区域 II 的结构对低温共烧陶瓷中的生片来说是完全适合的。

颗粒之间的胶结可认为是有机成分的影响，如图6.12(a)所示，生片的力学性质随树脂黏结剂的聚合度而改变，因此树脂质量的控制是相当重要的，例如在使用前决定采用平均分子量为多少的树脂等。

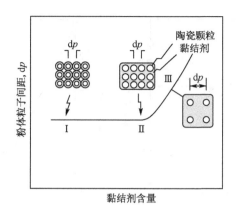

图 6.11　生片中黏结剂含量与陶瓷颗粒间距的关系[19]

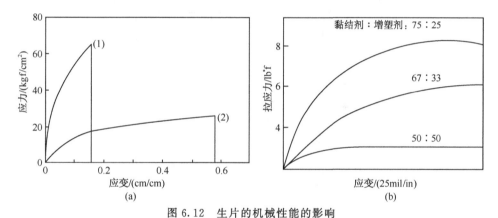

图 6.12　生片的机械性能的影响

（a）黏结剂聚合程度的影响（（1）中聚合程度较高）；（b）黏结剂/增塑剂比例的影响

　　增塑剂会显著改变树脂黏结剂的流变行为，正如前所述，它通过增加聚合物之间的空间从而改变聚合物的结构，因此对树脂的力学性质有显著的影响。如图6.12(b)所示，当可塑剂的量增加时，生片通常会变软，拉伸强度下降，延伸率增加。

　　图 6.13 表明了树脂/增塑剂配比为 75：25 的有机材料（黏结剂和增塑剂）加入量与生片各特性的关系。随着有机材料加入量的增加，拉伸强度和延伸率增高，而表面粗糙度和透气性则随着有机材料加入量的增加而减低，这是由于生片中颗粒之间的间隙被树脂成分填充而产生的。优化分散剂的加入量，改善料浆中陶瓷颗粒的分散性可增加生片的结构均匀性[21]。图 6.14 示出了优化分散剂的加入量后生片的光洁度提高的例子[22]。

* 1lb＝0.454kg。

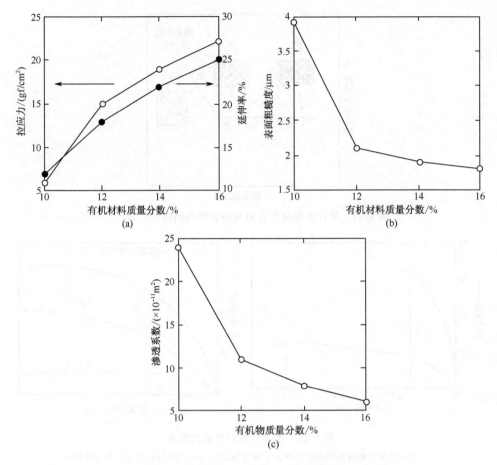

图 6.13 有机物添加量和生片性能之间的关系

(a)拉伸强度和延伸率;(b)表面粗糙度;(c)透气性

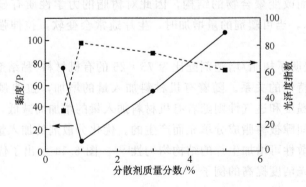

图 6.14 分散剂添加量与浆料黏度及生片光泽度之间的关系

陶瓷的粒径对生片的强度有影响，一般而言，颗粒愈小，则强度愈大。然而，由于颗粒小，其表面积增大，则黏结剂必须增加。因为这种情况下的结构开始接近图 6.11 中的区域 III，对于生片而言，这是不合适的。

流延后的生片要频繁经受压力处理。在这种情况下，由于压力增加，颗粒之间的距离会减小，生片的强度会增加。

2. 含水量和湿度的影响

含水量是在流延过程中作为杂质混入的，它会显著改变生片的特性[23]。

图 6.15 表明了由溶剂配成料浆时湿气的污染量与料浆黏度和生片的各种特性的关系。当不溶于水的树脂用做黏结剂或增塑剂时，部分树脂受潮，显著改变分散媒质的特性，影响料浆中陶瓷颗粒的分散性，提高了料浆的黏度，致使生片成为异质结构，容易形成大小不一的空孔。同时，树脂黏结剂有局部凝结的趋向，导致密度和拉伸强度下降，而透气性、表面粗糙度和延伸率增高。

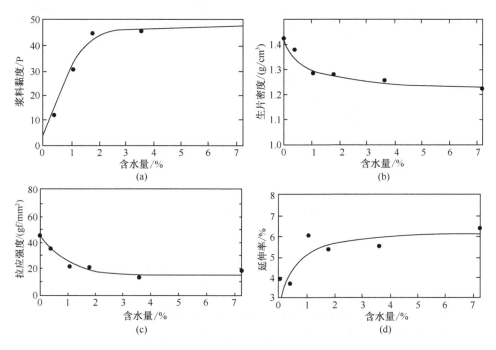

图 6.15　浆料中水含量与其性能之间的关系
(a)浆料黏度；(b)生片密度；(c)拉伸强度；(d)延伸率

作为杂质混入料浆中的湿气会在粉料的表面形成一吸附层，所以小心考虑粉料的存储条件(温度和湿度)是很重要的。必须在配料混合之前先进行排水处理。图 6.16 表明了存储湿度与低温共烧陶瓷常用的氧化铝和硼硅酸盐玻璃(耐热玻璃）的粉料表面吸附水量的关系。氧化铝的吸附水量低，而硼硅酸盐玻璃的吸附水量是氧化铝的吸附水量的 10 倍，硼硅酸盐玻璃显著依赖存储湿度和存储时间。两种粉料的水饱和度随湿度的增加而增加。例如，存储湿度为 60%，氧化铝粉料的水吸附在 24h 左右达到饱和平衡，而硼硅酸盐玻璃粉料 72h 需要达到平衡。由于通过吸附的水饱和量受到材料本身碱度以及粉料的颗粒尺寸、比表面积等的影响，所以掌握各种不同粉料通过吸附的水饱和量是相当重要的。

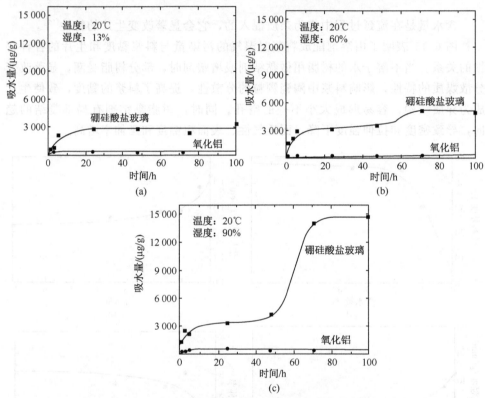

图 6.16   在不同的存储湿度环境下，氧化铝粉体和硼硅酸盐玻璃
粉体吸水量随时间变化曲线图

　　流延后，生片储存环境湿度和生片的力学性质也有密切的关系，如图 6.17 所示。流延后即使力学性质满足要求的生片，其拉伸强度和延伸率也会随着储存湿度而改变。例如，在冲孔过程中，以相同的工艺加工不同储存湿度的生片，由于延伸率的影响，冲完后有的生片存在过孔加工缺陷的情况。因此，必须在一个合适的储存湿度环境中储存材料。

　　3. 温度的影响

　　为了消除流延后生片中残留的溶剂和上文所述的水分，流延后生片通常置于

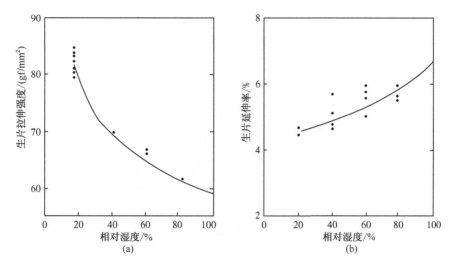

图 6.17 生片存储湿度与其性能之间的关系

(a)拉伸强度;(b)延伸率

恒温烘箱中干燥。不过,在这个过程中,除了溶剂和水分外,生片中的成分也同时挥发,这就影响到生片的力学性质,因此必须小心设定烘箱的热处理温度。

图 6.18 示出了热处理温度与生片成分的质量损失及生片拉伸强度和伸长率的关系。虽然黏结剂和增塑剂两者的质量损失随热处理温度的提高而增大,增塑剂的损失更为显著。本实验所用增塑剂(邻苯二甲酸二丁酯)的沸点是 340℃,当生片加热高于 100℃时,延伸率突然减小,柔软性减弱。由于伸长率小于 1% 的生片的操作质量较差,容易开裂,难以在冲压过程中冲出过孔。

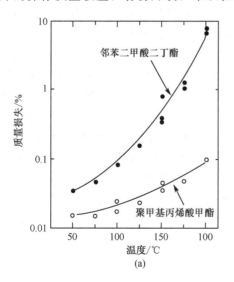

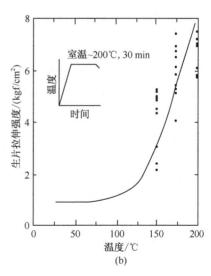

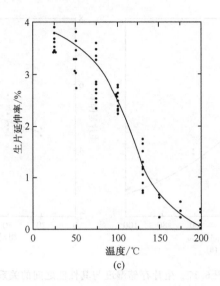

(c)

图 6.18　热处理温度与生片的质量损失、拉伸强度和延伸率之间的关系

6.4.4　生片微结构

　　生片的微观结构取决于材料因素如材料成分和配比等和制造工艺因素[24]，材料因素示于图 6.11 和其他图中。本节详细介绍流延工序制造工艺因素对生片微观结构的影响。

　　如图 6.1 所示，由于是连续生产设备在生片被取出以前，必须在加热带完成干燥，干燥过程应尽可能慢一些。因此必须考虑加热带的长度，各加热带的温度设定，载送带的运行速度，料浆本身的干燥速率和调整升温制度。

　　流延后，通常是用热空气干燥，料浆薄膜在热空气中通过。必须控制热空气的流动以实现均匀干燥。如果生片突然在热空气中通过，首先是表面干燥，形成一干膜，使溶剂难以蒸发而残留在内部待以后挥发，这就有可能产生不均衡而在生片的表面形成裂、发泡和其他宏观缺陷，如图 6.19 所示。宁可只用一种溶剂，如果使用各自不同沸点的几种溶剂，产生分阶段蒸发，致使溶剂干燥非常缓慢。为了使热量均匀地深入生片内部，有效的方式是采用高频加热、微波加热等同时使用。因为干燥溶剂比较容易，所以溶剂基料浆常被使用，水基料浆有许多缺点，干燥时间长，工作效率低，往往在氧化物的表面残留一吸附水层，同时生片的力学性质也不可靠。此外，当和导体一同烧结时，由于残留水分的影响，导体容易氧化。因此，水基方式在低温共烧陶瓷中的使用是很有限的。

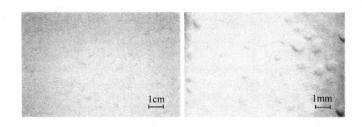

图 6.19　由于生片中残留溶剂挥发造成的表面不平整照片

　　如果料浆的干燥速率慢，陶瓷粉料和有机材料会产生垂直分层，导致生片厚度方向的成分不均。因为有机材料，如黏结剂和增塑剂等的密度远比陶瓷粉料的密度小(有机材料：1.1g/cm³，陶瓷粉料：3.9g/cm³，玻璃：2.2g/cm³)，可以预想，大量有机材料会存在于生片的表面。图 6.20 表明了生片中垂直深度各处所含有机材料的量。图中数据是按如下方法获得的：从厚度为 270 μm 的生片的顶、中、底部位各 90μm 深度处取样，试样在 900℃空气中加热后，测量其质量损失，计算各部位的有机材料量。顺便提一下，当准备原材料时，添加有机材料的量为 15%。在图 6.20 所示的结果中，中部位有机材料的量接近原来准备的量，而顶部位有机材料多，底部位少。图 6.21 示出了靠近生片顶部位和底部位表面的微结构横截面照片。顶部位的微结构显著不同于底部位的微结构，在表面部位中，可以观察到陶瓷颗粒之间存在许多有机材料。垂直微观结构的这种差异表现为生片愈厚愈明显。这很可能是由于生片顶部位和底部位的干燥速率不同而产生的，也可能由于垂直方向的空孔密度不同及有机材料的含量差异，这就是产生垂直应力的主要原因。当生片的顶部和底部内部结构差异很大时，生片可能成碗形，这也会影响到烧结收缩行为。

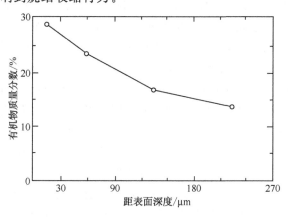

图 6.20　生片中有机物质量分数的垂直分布

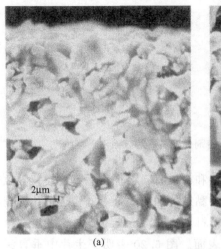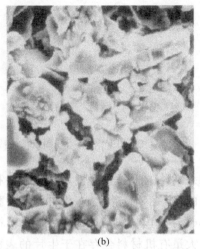

（a）　　　　　　　　　　　　　　（b）

图 6.21　生片上部和下部的显微结构

（a）上表面；（b）近下表面

　　当流延生片时，底部有一塑胶载膜，因此和顶部的自由表面不同，底表面（与载膜接触的一面）有良好的光滑面。垂直分布所含的树脂成分基本上是相同的。基于这个原因，与载膜接触的表面常用来作为后续工序的印刷。

6.4.5　生片外形尺寸的稳定性

　　如上所述，流延后，由于垂直结构差异的影响，生片立即弯成碗形（图6.22）。这是由于生片经受载膜的压缩应力，又因生片本身的张力而形成内部应力之故。因此，当载膜剥离生片后，内部应力被释放，生片立即收缩 0.05％左右。图 6.23 表明了生片的外形经时特性。载膜剥离后，生片随着时间的推移而逐渐收缩。达到尺寸稳定性所需的时间随生片的流延条件、生片厚度、材料组成、载膜的厚度和物理性质（硬度等）及其他因素而有所不同。然而，1 天到 1 周的时间是需要的。随着有机材料部件应力的逐渐减小，残留溶剂的逐渐消散及生片中所含水分的挥发，有可能产生尺寸的变化。如果在冲孔、印刷等后续工序中生片的尺寸发生变化，各生片叠层时，上下层所形成导体的位置就不能匹配，造成层间电路连接缺陷。因此，通常在生片流延后，将其置于 50℃左右的较低温度下挥发溶剂和湿气。另外，对生片施加大约几兆帕的微小压力以减少空孔和有机材料的垂直分布，这对于稳定生片是有效的。在后续工序叠层时，为了使各生片在较小的压力下就有良好的结合，还要求生片有一定的柔韧性。在加热和施压处理以后，需要让生片在特定的温度和湿度下存放一段时间直到收缩结束和尺寸稳定（经时处理）（图 6.23）。

图 6.22 流延后生片呈碗状弯曲

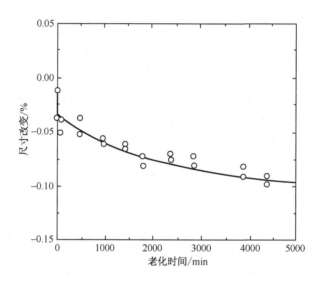

图 6.23 生片尺寸的经时特性

6.5 冲 过 孔

为了形成层间电气连接的过孔导体，需要在生片上形成过孔，直径约为 $100\mu m$。对于这一过程，要求生片具有如下质量，即生片的尺寸在加工时不应改变，加工的表面必须光亮，加工的精确性令人满意，加工的废料不应粘住生片。总之，过程所用的冲或钻，都要求经数控控制。由于有混合到低温共烧陶瓷生片中的硬氧化铝微粒存在，冲头容易磨损。当用磨损的冲头冲孔时，生片经常出现裂纹等缺陷。

图 6.24 示出了冲孔的典型缺陷。如果生片较脆，孔的下面就有崩口。相反，如果生片太软，底部就有粘屑。在这种情况下，片屑可能在后道工序时堵孔造成导电缺陷。此外，如果载膜被推进孔内，当凹进的载膜被移去时，生片本身或填入的导电粉料在后续工序中可能被内埋，造成缺陷。

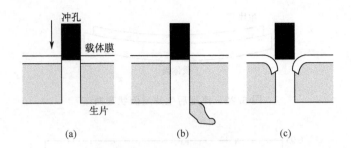

图 6.24　生片冲孔的典型缺陷
(a)崩口；(b)粘屑；(c)凹片

最近，钕钇铝石榴石（Nd-YAG）激光器已成功地应用于打孔[25]。由于生片是由陶瓷粉料和有机物质组成，当有机物质分解或加热消除后，孔就告成。通过改变激光输出，缩小激光的焦点，孔的深度可作调整，一些精细的孔就可达到。

参 考 文 献

[1] R. B. Runk and M. J. Andrejco, "A Precision Tape Casting Machine for Fabricating Thin Ceramic Tapes", Ceramic Bull. , Vol. 54, No. 2, (1975), pp. 199-200.

[2] R. E. Mistler, R. B. Runk and D. J. Shanefield, Ceramic Fabrication Processing Before Firing, Edited by G. Y. Onoda and L. L. Hench, Wiley, New York, (1978), pp. 411-448.

[3] K. Saito, "Use of Organic Materials for Ceramic-Modeling Process-Binder, Deffloculant, Plasticizer, Lubricant, Solvent, Protective Colloid-", J. of the Adhesion Society of Jpn, Vol. 17, No. 3, (1981), pp. 104-113.

[4] E. P. Hyatt, "Continuous Tape Casting for Small Volumes", Ceramic Bull. , Vol. 68, No. 4, (1989), pp. 869-870.

[5] Y. Fujii, Slot-Die Method, Subject and Solution of Manufacturing Process of Ceramics for Microwave Electronic Component, Technical Information Institute, (2002), pp. 73-84.

[6] E. B. Gutoff and E. D. Cohen, Coating and Drying Defects, John Wiley & Sons Inc. (1995) .

[7] T. Yamano, Research & Development of Ceramic Devices & Material for Electronics, CMC, Tokyo, (2000), pp. 55-62.

[8] Y. T. Chou, Y. T. Ko and M. F. Yan, "Fluid Flow Model for Ceramic Tape Casting", J. Am. Ceram. Soc. , Vol. 70, No. 10, (1987), pp. C280-282.

[9] Pitchumani and V. M. Karbhari, "Generalized Fluid Flow Model for Ceramic Tape Coating", J. Am. Ceram. Soc. , Vol. 78, No. 9, (1995), pp. 2497.

[10] K. Otsuka, Y. Osawa and K. Yamada, "Studies on Conditions in Casting Alumina Ceramics by the Doctor-Blade Method and their Effects on the Properties of Green Sheets (Part 1)", J. Ceram. Soc. Jpn. , Vol. 94, No. 3, (1986), pp. 351-359.

[11] K. Otsuka, W. Kitamura, Y. Osawa and M. Sekibata, "Studies on Conditions in Casting Alumina Ceramics by the Doctor-Blade Method and their Effects on the properties of Green Sheets (Part 2)", J. Ceram. Soc. Jpn. , Vol. 94, No. 11, (1986), pp. 1136-1141.

[12] K. Hirao, "Microstructural Control of Silicon Nitrides for High Thermal Conductivity", Bull. Ceram. Soc. Jpn., Vol. 33, No. 4, (1998), pp. 276-280.

[13] S. Otomo, M. Kato and K. Korekawa, "Firing Shrinkage of Alumina Green Sheet", J. Ceram. Soc. Jpn., Vol. 94, No. 2, (1986), pp. 261-266.

[14] Japan Industrial Standard, Surface Roughness, JIS B0601.

[15] H. Sekiguchi, H. Takeyama, R. Murata and H. Matsuzaki, Transactions of the Japan Society of Mechanical Engineers, Vol. 43, No. 1, (1977), pp. 374.

[16] Japan Industrial Standard, Testing method for tensile properties of plastics, JIS K7113.

[17] K. Kubo, Y. Nakagawa, E. Mito and S. Hayakawa, Powders (Theory and Application), Maruzen, (1962), pp. 161-162.

[18] K. Otsuka and T. Usami, "Considerations Regarding Interaction Between the Burn out of Polyvinyl Butyral Binder and Sintering of Alumina Ceramics in a Reducing Atmosphere (Part 1)", J. Ceram. Soc. Jpn., Vol. 86, No. 6, (1981), pp. 309-318.

[19] F. Carli and A. Motta, "Particle Size and Area Distributions of Pharmaceutical Powders by Microcomputerized Mercury Porosimetry", J. Pharmaceutical Science, Vol. 73, No. 2, (1984), pp. 191-202.

[20] J. V. Brakel, S. Modry and M. Svata, "Mercury Porosimetry: State of the Art", Powder Technology, Vol. 29, (1981), pp. 1-12.

[21] R. A. Gardner and R. W. Nufer, "Properties of Multilayer Ceramic Green Sheets", Solid State Technology, May (1974), pp. 38-43.

[22] J. S. Reed, T. Carbone, C. Scott, S. Lukasiewicz, Processing of Crystalline Ceramics, Plenum, New York, (1978), pp. 171.

[23] M. Sasaki, "Binders for Tape Casting Method", Bull. Ceram. Soc. Jpn., Vol. 32, No. 10, (1997), pp. 812-818.

[24] R. E. Becker and W. R. Cannon, "Source of Water and Its Effect on Tape Casting Barium Titanate", J. Am. Ceram. Soc. Vol. 73, No. 5, (1990), pp. 1312-1317.

[25] N. Watanabe and N. Kamehara, Bull. Ceram. Soc. Jpn., Vol. 32, No. 9, (1997), pp. 762-765.

[26] M. Fujimoto, S. Sekiguchi, H. Takahashi, M. Nakazawa and N. Narita, "New Laser Processing for Ceramic Multilayer Components and Modules", J. Ceram. Soc. of Jpn, Vol. 108, No. 9, (2000), pp. 807-812.

第 7 章　印刷和叠层

前道工序介绍了用流延法将料浆制成生片及在生片上开过孔。本章内容包括烧结前的填孔、印刷和叠层。填孔是这样一道工序，即在为了层间电气连接而在生片上形成的过孔中填以导电粉料、油墨等，在接后的印刷工序中，线路导体图形按照这些过孔的配置用丝网印刷技术进行印刷。而且，在其上形成过孔和线路的多层生片要叠放在一起，然后进行热压使之胶结为一体，通常称为生片叠层体。当生产低温共烧陶瓷电路板时，前两道工序中分立的线路已在 z 轴、x 轴、y 轴形成，而在叠层过程中则形成三维电路布线网络。由于在这个过程中所形成的导体的质量对后道烧结工序得到的烧结导体有很大的影响，所以，工艺过程必须小心控制。

本章各节描述有关填孔和印刷等内容，这是低温共烧陶瓷产品制造中通常所用的典型工艺。另外，叠层部分描述形成 10 层或更多层的多层结构的工艺技术。这是一个非常有用的实现高品质、高可靠、制造中广为采用的多层结构技术，即使是制造层数较少的叠层电路板也不例外。

7.1　印　　刷

一般来说，在生片上印刷线路图形是采用人们熟知的间隙丝网印刷技术。间隙印刷的原理是在掩模与生片之间留有间隙，当刮墨刀压过掩模时，导电油墨被推过生片上的掩模孔口，压力通过刮墨刀施加在导电油墨上，刮墨刀的端部会经受弹性变形，将导电油墨印在生片上，同时，丝网释放，脱离与油墨的接触(图 7.1)。因此，如何适当控制刮墨刀头部的变形量度和形状是保证印刷质量的关键[1]。

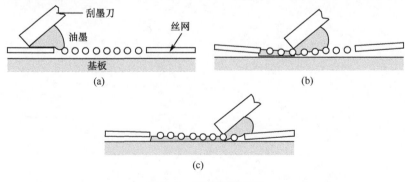

图 7.1　丝网印刷工艺

具有优良印刷质量的导体如图7.2(a)所示,图形既无任何流渗,也不模糊不清,这是至关重要的。优良的印刷质量意味着位置准确(印刷精度),墨量适中(转移比),形状正确(转移比),印刷稳定(重复性)。为此,下面几项必须优化:①丝网规格;②印刷过程条件;③油墨特性;④丝网特性。各项详述如下。

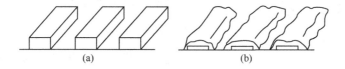

图 7.2　印刷图形中的典型缺陷
(a) 无流渗；(b) 流渗

7.1.1　丝网规格

低温共烧陶瓷中导电油墨厚膜印刷所用的丝网是由精细不锈钢丝织成的,除了孔口外,其他部位都以感光乳剂覆盖。构成网孔的钢丝直径、孔数和根据印刷目的所形成感光乳剂的厚度都必须优化。例如,当制作厚膜时,用的是粗线丝网和厚感光乳剂。用粗线时,网孔大,而孔径比小。由于丝线有交叉,不同在一个平面上,生片的表面容易产生油墨堆积不均的现象。另外,当印刷线宽较窄的精细图形时,用薄的感光乳剂,孔径比大、小线径钢丝制作的丝网可以取得良好的效果。

而且,丝网的张力由于重复使用而变得松弛,需要定期进行检查。同样,为了形成良好重复性的图形,丝网必须充分清洗。特别是孔与孔交界处的孔角和涂覆感光乳剂的部件边缘容易被残余油墨堵塞,更要注意清洗。

7.1.2　印刷工艺条件

在印刷过程中,把丝网上所形成的图案以油墨为媒介直接转移到生片上。印刷条件对这种印刷转移的质量有很大的影响。合适的印刷条件随所用的丝网和油墨的不同而有所区别,因此,优化印刷参数是必不可少的。下面叙述各种工艺参数。

1. 刮墨刀速度

印刷时,刮墨刀速度取决于印刷时间和油墨的黏性。一般而言,降低刮墨刀速度会增加印刷时间和适印性。然而,当刮墨刀速度快时,油墨的黏度下降,通过丝网孔口的流动性就得到改善(这取决于油墨的黏度特性——触变性指数)。当贴放于丝网上的油墨被刮墨刀推向孔口时,转动力施加在油墨上,油墨开始转动,

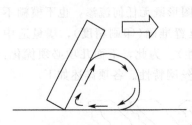

图 7.3   油墨滚动现象

如图 7.3 所示。由于这个现象，油墨本身的黏度下降，使它能够更容易地推过孔口，改善油墨的转移质量。换句话说，印刷质量可以通过促使油墨转动以降低其黏度，然后以一个较低的速度移动刮墨刀来改善[3]。

2. 刮墨刀压力

在这个过程中，油墨被转移到基板（生片）上，操作时要特别注意两点，即刮墨刀压下丝网，使丝网与生片接触及丝网从刮墨刀通过的地方与生片分离。

最适当的压力取决于丝网本身的变形量及丝网与基板之间的间隙。对丝网及其张力而言，变形量随所用钢丝直径的改变而改变，印刷间隙也会因所用丝网的不同而不同。间隙的大小取决于压力释放时丝网弯曲处回弹力的大小和丝网的离网（丝网与附着于生片上的油墨脱离——译者注）特性。一旦适当的刮墨刀压力被施加，压下丝网与生片接触时，根据刮墨效果和印品质量等因素来优化刮墨刀的压力是很容易的。

通常，刮墨刀压力高，容易产生流渗，反之，压力低可能导致模糊。为了增加印刷条件的有效范围，使用软材料刮墨刀也是有效的。

3. 刮墨刀角度

如果通过上述调整刮墨刀速度和刮墨刀压力无法达到满意的印刷质量，如出现流渗和模糊不清等缺陷时，也可以通过调整刮墨刀的角度来改善。当油墨不容易滚动时，调整角度是特别有效的。

7.1.3   油墨特性

"油墨"这一术语象征着固体和液体之间的中间特性，既有弹性又有黏性（呈现黏弹性）。流变处理对油墨来说是很有必要的[4]。

在两个平行板之间的狭窄间隙中注满油墨的系统中，仅当一个平板以剪切速率 D 作平行移动，移动平板所需的剪切力 τ 可用下式表达。黏度 η 的单位采用国际单位制中的泊（P）或帕斯卡·秒（Pa·s）[5]。

$$\eta = \tau/D$$

图 7.4 表明了典型流动性的黏性行为。流动性存在一个屈服值，这种流动性即使在力的作用下也不开始流动，直到超过屈服值 τ_0。导电油墨呈现出接近假塑性流动行为，这种流动性的黏度有随剪切速率的增加而下降的趋势。如图 7.5 所示，当把黏度与剪切速率的关系用双对数绘图时，其结果或多或少是一条直

线。图中当剪切速率从 D_1 增加到 D_2，黏度从 η_1 减到 η_2，黏度改变速率与剪切速率的关系可表达为

$$\frac{\log(\eta_1/\eta_2)}{\log(D_2/D_1)}$$

这个值被定义为 TI，即触变性指数，用来表示导电油墨剪切速率属性程度的一个指标。

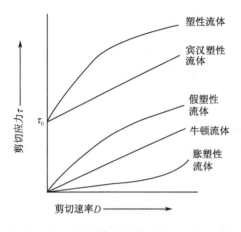
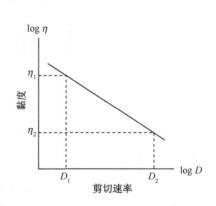

图 7.4　不同流体的黏性行为　　　　图 7.5　剪切速率和黏度之间的关系

如果存放相当长的一段时间，油墨变硬，但当再施加剪切力和搅拌时，流动性又增加。在再次操作过程中，当油墨在丝网上经受强的剪切力时会出现软化的现象，但当再存放时，黏度又恢复原状，这种现象就称为触变性。当油墨经受强的剪切力时，颗粒表面的媒质层遭到破坏，形成另一性能的结构，此时，颗粒之间的内聚力下降，油墨软化。当外力取消并静置时，媒质层复原，黏度又恢复，这种由搅拌和静置所支配的结构破坏和恢复时间随不同类型的油墨而有所差异。黏度的恢复速率通常可

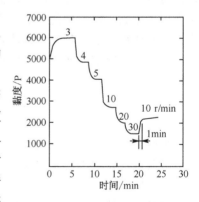

图 7.6　确定黏度恢复速率的方法

用图 7.6 所示的方法获得。首先测量黏度计的旋转频率从 3r/min 到 30r/min 的黏度值变化。以 10r/min 为标准黏度（η_a），在测量 30r/min 的黏度后，将转动频率降为 10r/min，1min 后读出黏度值（η_b），根据下面的等式求出黏度值。R 值小，表示恢复快。

$$R = \frac{\eta_a - \eta_b}{\eta_a} \times 100$$

上述两个指标(TI 和 R 值)常用于油墨的质量控制。为了获得清晰而厚度适中的精细线路图形(图 7.7),总希望在高剪切率印刷时,油墨的流动性增大,而在印刷后油墨有高的黏度以保持其形状而不会流动(油墨本身的质量会形成低的剪切率)。若要改变这些数值,就需要改变油墨中无机材料的组成、所用粉料的颗粒形状和有机材料的组成。

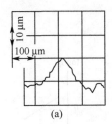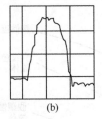

(a)　　　　　　　　　　　(b)

图 7.7　印刷导体图形的横截面

(a)有显著的跑墨;(b)无显著的跑墨

7.1.4　生片特性

为了获得高的印刷质量,基板或生片本身的因素也必须考虑在内。

要形成一个无任何流渗的精细线路图形,生片的表面应当光滑。正如前节所述,与载带接触的生片表面有较低的表面粗糙度,因此,生片与载带接触的一面应当用于印刷。很重要的一点是,掌握油墨中溶剂的溶解性质及生片中的树脂成分,从而优化溶剂的种类,以防止所印图形出现流渗现象。另外,生片内部空孔的存在有吸收溶剂的作用,一定程度上可以防止流渗。

7.2　填　过　孔

虽然这个过程在印刷前进行,但有许多地方与印刷有关,因此,为便于说明,将其放在印刷以后来叙述。填过孔就是将导体材料填入在生片上开好的过孔(用冲、钻和激光[6,7]等) 中。通常是用刮墨刀来填充导体材料。对填过孔工序的要求是,导体要均一,填充尽可能不要过紧,导体的最佳填充比要根据其周围陶瓷生片中粉料的填充密度而定。如果导体的填充密度大于生片中粉料的填充密度,在基板烧结以后,导体的体积变得大于内孔的体积,因而对导体产生了压缩应力,而对陶瓷产生了拉伸应力,使过孔的界面发生扭曲,导致过孔的可靠性降低。相反,如果填充比不足,过孔导体就会产生开路。

虽然导体是用刮墨刀以类似印刷的方法来形成的,但过程的实质决然不同。印刷是在平坦表面上形成导体,而在过孔填充过程中,导体是填进圆柱状过孔中,存在很大的纵横比,所以填充物的流动性是非常重要的。

填过孔时，填充物通常是油墨和导电粉料。油墨填充的问题是，油墨中的溶剂会溶解生片中的黏结剂，致使过孔出现伸展和流渗现象。另外，如果过孔完全用油墨填充，油墨中的固体成分约占 70%，即导体的实际填充比是有限的。然而，由于油墨有较好的流动性，有便于填充和使用性强的优点。

当用粉料填充时，由于铜粉本身的流动性很差，难以填满过孔，容易出现空洞，如图 7.8（a）所示。填充时使生片振动可减少这种空洞的产生。另外，由于不存在生片与填料之间的溶解作用，填充料对生片的黏着较弱，操作时粉料容易落出孔外。为了防止粉料落出，可以采用图 7.8（b）的方法，即在填粉料前，用油墨在过孔的底部先形成一盖帽。采用粉料填充后再施加压力方法也可能获得比油墨高的填充比。

必须选择具有低休止角和良好流动性的粉料。而且，为了提高填充比，使用两种或多种不同颗粒尺寸的混合粉料是有效果的。

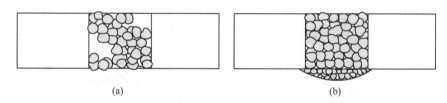

图 7.8　过孔填充示意图

（a）过孔中导体粉料之间存在空洞；（b）填粉料前，先在过孔的底部用导电油墨形成一盖帽的过程

7.3　叠　　层

叠层的目的是将备好过孔和线路的单个生片通过校位叠片后进行热压，使多个生片结合成为一体。校位是一道确保三维网络电路连接准确的必不可少工序。码垛工序的目的是为在烧结时达到收缩的宏观调控，有助于提高烧结基板的机械可靠性。上下各层生片必须充分胶结为一体。

7.3.1　叠层过程技术

1. 校位叠片

如图 7.9 所示原理，用定位器对生片进行校位叠片。该装置由四个 CCD 摄像头、一个 XY-θ 平台和一个固定平台组成。

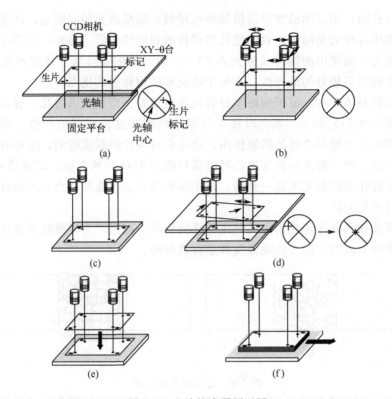

图 7.9　生片校准器原理图

校位叠片程序如下：

（1）生片安置在 CCD 摄像头和固定平台之间的 XY-θ 台面上，当生片的四角所形成的标志与摄像头的中心不匹配时，以数字显示的图像就会在摄像显示屏上出现。

（2）校准生片标志与摄像头的中心轴，调整摄像头的位置，然后将其固定，作为校位操作的标准光轴。

（3）安置在 XY-θ 平台上的生片平行于安置在固定平台上的光轴移动。

（4）将第二个生片安置在 XY-θ 平台上，移动或旋转平台，使各摄像头的中心与生片标志匹配。

如果这一步中出现生片标志与摄像头的中心不匹配，一般是操作时生片被拉伸之故，也可能是在印刷时，油墨中的溶剂和生片中的树脂之间有溶解反应发生或生片有微小的收缩。印刷后生片的收缩根据图形密度和图形厚度的不同而有所变化。各生片的尺寸需逐一检查，收缩量大的生片应从工序中作为缺陷品剔出。此外，如前面印刷一节所述，生片中的陶瓷颗粒是依照流延方向排列的，所以在烧结后，收缩量按 x-y 轴改变。为了减少整个基板 x-y 轴的烧结收缩量，通常各层生片按流延方向互成 90℃叠放(图7.10(a))。

(5) 将在 XY-θ 平台上校准了的生片移至固定平台，而后重复(4)和(5)的操作，逐层叠放生片。

(6) 最后，将校准好的叠层坯体取下，放置在模具内。

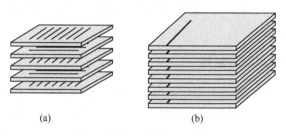

(a)　　　　　　　　　　　　　　(b)

图 7.10　叠放生片的方法

(a)旋转90°放置；(b)z 轴对齐放置

如果标志是设置在生片的边缘，叠层后可将这些边缘切去。标志的偏差和 z 轴的叠片精度可在烧结前进行检查(图7.10(b))。此外，由于生片的垂直结构有一定的不规则性，层间的黏结强度及烧结时收缩的方向可能与表面有所不同。当安放生片时，重要的是整齐地排列生片的表面(例如，始终把承载面朝上)。

2. 层压

为了使校准好的叠片坯体结合为一体，通常将其置于模子内，用单轴压力进行热压。最佳的温度随黏结剂的类型而定，典型的条件是 80℃和 30MPa。用这种方法时，由于生片的 x-y 轴被模子强制控制，几乎没有任何 x-y 轴的二维变化，只能在 z 轴产生收缩。用等静压代替单轴压，虽然能够增加生片之间的黏结，但在 x-y 轴以及 z 轴都有收缩，所以，这就难以控制电路图形的尺寸。

除了这种一次性叠层方法外，还有一个方法就是累积法叠层。

采用这种方法时，在热压盘上进行生片校位并逐层叠放以后再施加压力。因为叠片和层压同时完成，效率是很高的。然而，如图 7.11 所示，由于最底层的生片反复被加热，累积受压好多次。因此，最底层的生片失去其柔软性，以致叠层体 z 轴的结构变得不均匀。所以，这种方法不适合于层数多的基板。

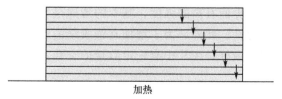

加热

图 7.11　逐层累积叠层方法

　　无论使用哪种方法,叠层后,层数越多,包含导体的部件和单一陶瓷的部件之间厚度的差异就越大。由于导电油墨的厚度约为 $10\mu m$,当大约 10 层生片进行叠层时,其差额相当于 1 层生片的厚度。在极端的情况里,这种现象会引起后面将要解释的分层。此外,在叠层体烧结前,切去其一小部分边缘,这对稳定烧结收缩是有利的。烧结过程中,如果边缘紧贴垫板,就会与垫板产生摩擦,以致不能得到等方收缩。

7.3.2　叠层过程中出现的缺陷

　　在叠层过程中产生的最大毛病是分层。如果叠层体内存在层与层之间胶结不良缺陷,那么这些缺陷处就成为烧结后分层的起因地。正是由于这一事实,生片出现各自分离和收缩,形成无中心点的收缩集结区(图7.12)。分层不仅在叠层过程中发生,在烧结过程中也同样会出现(例如,由于烧结失配等)。

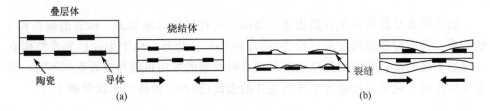

图 7.12　分层示意图
(a)叠层体充分胶结为一体;(b)叠层体胶结不充分,各生片分离和缩短

　　这种分层是 10 层以上的多层基板经常发生的现象,其中导体的影响更大。图 7.13 示出了用于大型计算机多层陶瓷电路板的导体图[8]。由图可清楚地看出,和线路导体图形相比,电源图形和接地图形的面积大,所以在生片叠层时,生片之间的胶结面积小(导体比生片的胶结面积大)。如前所述,在有导体形成和无导体形成的部件中,叠层体 z 轴的总厚度是不相同的。

　　叠层体中生片的层间黏结用下述两种方法可以实现:

　　(1) 用热熔树脂胶结;

　　(2) 用不平界面的机械胶结(互锁胶结)。

　　由于生片之间界面处的树脂成分是相同的,它们之间有很好的胶结强度。为了使导体和生片之间的界面有高的强度,基本的考虑是导体中所用的树脂成分和生片中树脂成分的兼容性。此外,为了增加互锁胶结的胶结强度,生片本身必须柔软。基于这个原因,最好是生片中有一定数量的空孔。

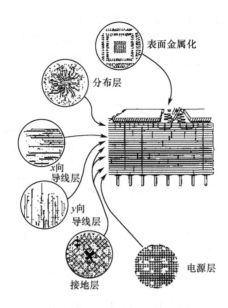

图 7.13　大型计算机中使用的多层陶瓷电路板上的导体图

　　图 7.14 示出了烧结后的典型分层缺陷。各类分层的详细情况及其产生原因解释如下：垂直开裂是从基板的边缘中部直到基板的中心形成的裂纹，将基板分裂，而层间黏结却很牢固，未产生分层。究其原因可能是叠层时各生片边缘的中

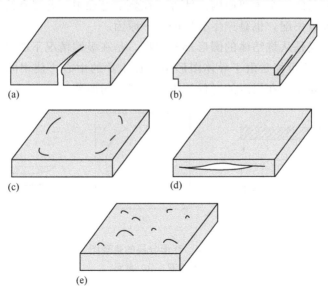

图 7.14　分层的典型形式

(a)垂直开裂；(b)分阶式夹层分层；(c)环形分层；(d)内部夹层分层；(e)表面起泡

心变形力过于集中。然而，由于生片是装于模子中，在 x 轴和 y 轴方向上不可能产生变形。正如图 7.15 所示，很可能是由于生片边缘的中部密度过高，烧结时引起开裂。这种分层也可能由于叠层时模压缺乏平衡使得某一部位的压力不均而造成。

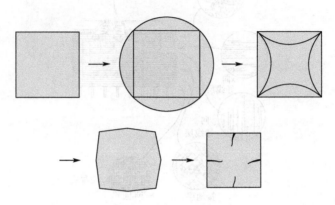

图 7.15　垂直开裂的机理图

分阶式夹层分层是由于接地面和电源面的表面剥离所造成。一般来说，叠层体中生片与导电油墨之间的黏结比生片与生片之间的黏结弱。因为接地面和电源面的导体面积大，使生片与生片之间的接触面积减小，致使片间黏结薄弱，这就是产生这种分层的一个主要原因。此外，在烧结过程中，升温和降温时，陶瓷和导体的收缩系数失配，也是产生分层的另一原因。

圆形分层仅是从烧结体的圆形部分剥离，是在极端情况下的盘状片分层，如图 7.16 所示。这可能是由于导体图形集中在生片的中心，使中间部分的总厚度增大，提升了高度，在层压的时候压力不可能均匀所致。

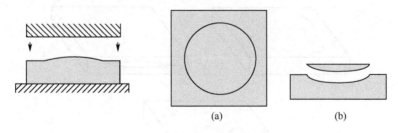

(a)　　　　　　　　(b)

图 7.16　环形分层的机理图

(a) 俯视；(b) 截面

内部夹层分层是发生在内部导体和陶瓷的界面处的分层，虽然裂纹不延伸到基板的外部。问题的起因是叠层体中某一局部生片和导电油墨之间的黏结不足。当层数较多或各层的导体较厚时，各部分的厚度包括导体部分和陶瓷部分的差异较大，使叠层体类似于实心的三明治（图7.17）。由于这种分层的产生，为了释放叠层体中的应力，采取与分阶式夹层分层和圆形分层相类似的方法来处理。

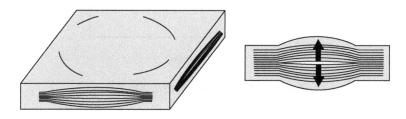

图 7.17　内部夹层分层机理图

烧结后，基板表面有气球状起泡，这是由黏结剂中未溶解的物质和溶解于原料中的气体在烧结高温时的释放所致。因此在基板的表面烧结之前让叠层体中的气体充分排出是非常重要的（内部气体能够被释放的微孔是存在的）。

7.3.3　防止分层

层压的基本参数是压力和温度。图 7.18 示出了叠层压力和内层胶结强度的关系。内层胶结强度有随着压力的增大而增高的趋势[9]。在某一压力以上，内层胶结强度恒定不变。图 7.19 示出了典型的丙烯酸树脂黏结剂机械性能的温度属性。当温度升高时，拉伸强度有下降的趋势。另外，可以看出，在两个温度点上延伸率出现峰值[10]。图 7.20 示出了温度和压力改变时叠层密度的研究结果。虽然最高点不完全匹配，但是，从叠层密度与温度的关系可以看出，两个最高点的温度大约在 50℃ 和 175℃。换言之，由树脂黏结剂在高温下的流动性而产生的延伸对叠层体的特性有显著的影响。图 7.21 示出了叠层体层间和层内的扫描电子显微结构。在层与层之间，能够看到树脂黏结剂的存在。这说明层与层之间的树脂胶结是可靠的，所以，必须充分考虑树脂的流动性和优化叠层的温度和压力。

图 7.22 表明了当叠层体的表面和垂直轴向受到拉伸应力时的横截面图。由图看出，裂纹贯穿导体，产生了分层。层间有导体的部分，可以认为是最薄弱的部分。

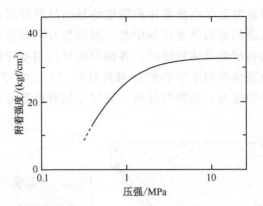

图 7.18　叠层压力和层间胶结强度关系

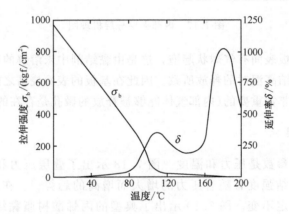

图 7.19　丙烯酸树脂机械性能(拉伸强度和延伸率)的温度属性

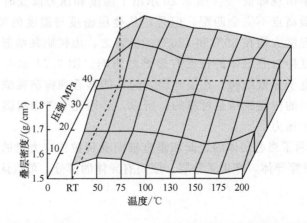

图 7.20　叠层条件(温度和压力)与内层胶结强度的关系(用丙烯酸树脂作黏结剂)

图 7.21 叠层体的显微结构

（a）整体；（b）夹层结构；（c）单层结构

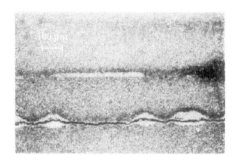

图 7.22 施加拉伸应力时叠层体结构的截面图

为了防止上述解释的分层，有效的方法是优化叠层条件（温度和压力），改善生片树脂成分和导电油墨的黏结性质和检查压力的均匀性等。另外，在通常不设置电路导体的边缘部分配以虚假导体，用以调节厚度，这也是防止分层的一种有效方法。

参 考 文 献

[1] J. Savage, Handbook of Thick Film Technology, P. J. Holmes and R. G. Loasby eds. , Electrochemical Publications Ltd. , Scotlamd (1976).

[2] J. Bradigan, "Recommendations for Screen Printing Fine Line Images in Circuitry", Insulation/Circuits, Jan. (1980), pp. 33-38.

[3] Fine Screen Printing Technology, Technical Information Institute (2001).

[4] E. Hirai, Rheology for Chemical Engineers, Science Technology, Tokyo, (1978).

[5] J. R. van Wazer, Viscosity and Flow Measurement, Interscience Publishers, John Wiley & Sons (1966).

[6] M. Fujimoto, N. Narita, H. Takahashi, M. Nakazawa, Y. Kamiyama and S. Sekiguchi, "Miniaturization of Chip Inductors using Multilayer Technology and Its Application as Chip Components for High Frequency Power Modules", Industrial Ceramics, 12, (2001), pp. 26-28.

[7] W. W. Koste, "Electron Beam Processing of Interconnection Structures in Multilayer Ceramic Modules", Metall. Trans. , Vol. 2, No. 3, (1971), pp. 729.

[8] C. W. Ho, D. A. Chance, C. H. Bajorek, and R. E. Acosta, "The Thin-Film Module for High Performance Semiconductor Package", IBM. J. Res. Develop. , Vol. 26, No. 3, May (1982), pp. 286-296.

[9] R. A. Gardner and R. W. Nufer, "Properties of Multilayer Ceramic Green Sheets", Solid State Technology, May, (1974), pp. 38-43.

[10] Y. Oyanagi, Introduction to Polymer Processing Rheology, Agune, Tokyo (1996) .

第8章 共 烧

在前一章中，介绍了烧结前将已在其上形成导体布线和开过孔的生片首先进行排列，而后叠放和内埋以形成电路板。本章将说明叠层体在高温下加热，使导体和陶瓷在叠层体内同时烧结的过程。烧结过程完成后，切去基板的外边。在某些情况下，基板的表面还要进行抛光，用结合光刻工艺和聚酰亚胺层采用旋涂方法的薄膜导体形成技术在烧结基板上形成薄膜多层结构。这个薄膜过程，使用多芯片模块(MCM-D)的制造技术，并非低温共烧陶瓷所独有。因此，本书中，把共烧过程作为低温共烧陶瓷的最终过程来处理。本书第2章已涵盖了低温共烧陶瓷中陶瓷的烧结行为。另外，导电材料和导电油墨已在第3章述及，本章重点阐述铜导电材料和铜的烧结性及铜和陶瓷的共烧性能等情况。在低温共烧陶瓷的共烧过程中，通常有机成分，如黏结剂等在各材料被烧结和致密化前的脱蜡过程中就被排出。烧结用铜作为线路导体的陶瓷基板的难点在于两种异质材料——铜和陶瓷的同时烧结。以下三项是最重要的技术要点：

(1) 控制烧结收缩及基板的整体变化；

(2) 控制两种材料的烧结收缩行为，避免微观和宏观缺陷；

(3) 实现烧结过程中导体材料的抗氧化和黏结剂的排出。

例如，如果(1)和(2)这两点不能被控制，基板就会弯曲或成为波浪形，如图8.1所示。

此外，为了达到烧结后基板中碳残留量小于 100ppm，还必须进行技术开发[1]。

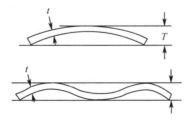

图 8.1 基板中的弯曲和波浪示意图(弯曲和波浪为 T-t)

图 8.2 示出了陶瓷基板中碳残留量和陶瓷承受电压的关系。由于碳是导体，陶瓷中任何碳的残留都会显著降低它的绝缘性能。上述各点中，第(3)项可视为是用同铜作导体的独特问题。下面阐述这三项的详细情况。

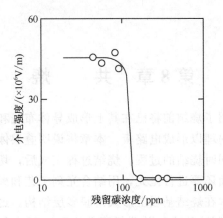

图 8.2　陶瓷基板中残留碳含量与耐压程度之间的关系

8.1　铜 的 烧 结

　　按照第 3 章的热力学平衡图 3.6，氧化银和氧化钯分别在接近 200℃和
850℃还原成金属态，即使是在 100％的氧气氛中。因此，在高温下银和钯是容
易烧结的，且不氧化。另一方面，在空气中（氧分压为 0.2atm），直到高温，氧
化铜都是稳定的，所以可以认为，铜是容易氧化的。因此，在用铜时，实施还原
烧结环境等是非常必要的，控制铜的烧结远比控制银和钯的烧结难。图 8.3 示出
了在各种温度下烧结的铜油墨的微结构。烧结是在高温下产生颗粒间的原子扩散
而形成的化学胶结。在烧结前，虽然紧密靠拢的颗粒是点接触，烧结时，颗粒的
表面相互接合，变得更加紧密（颗粒的表面能趋向减小）。当烧结温度升高时，
从图中可以看到颗粒的生长。在 700℃的烧结温度时，粉料的颗粒尺寸约为
3μm，而在 900℃时，颗粒生长到 10μm。而且，在 900℃或更高一点，可以观察
到闭口气孔的形成。

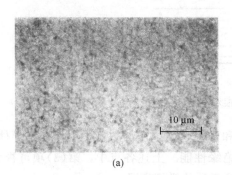

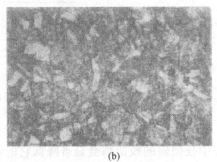

(a)　　　　　　　　　　　　　　　　(b)

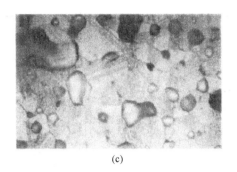

(c)

图 8.3　不同温度烧结的铜油墨的显微照片

烧结温度：(a)700℃；(b)900℃；(c)1050℃

有一个趋势，就是这些气孔的直径和数量随着温度的提高而增大。这些气孔形成可能存在三个原因。其一，随着铜蒸气压的增大而形成铜蒸气。其二，由于还原作用从颗粒表面形成的氧化物层中释放出氧。其三，油墨中在低温范围内未分解的有机树脂污染物在高温时分解而放出气体。图 8.4 示出了铜油墨的烧结收缩行为。正如图中所示，在 600℃ 以上，经常观察到油墨的膨胀，铜的氧化而发生体积膨胀，这可能是上述内部气孔产生的原因之一。虽然低温共烧陶瓷中铜的烧结经常是在氮气氛中进行，大气中的氧杂质会促使氧化，因此确保控制氧浓度是非常重要的。

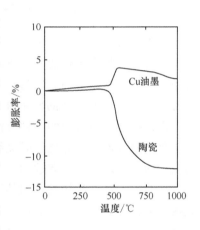

图 8.4　铜油墨的烧结收缩行为

8.2　控制烧结收缩

为了控制用铜做导体的低温共烧陶瓷的收缩率，必须考虑陶瓷单个基板和铜线路的烧结收缩率。

8.2.1　陶瓷

陶瓷本身的烧结收缩率显著受到玻璃粉料特性和生片特性的影响。通过挑选粉料和采用均匀颗粒尺寸的粉料都可能减小烧结收缩率的差异。生片的密度和它的烧结收缩率之间存在着密切的关系，如图 8.5 所示。图中为了保持烧结收缩率在 16.4%~16.5% 之间，生片的密度就必须控制在 1.421~1.424g/cm³ 之间，

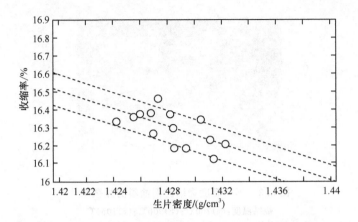

图 8.5　生片密度和烧结收缩率(x 轴和 y 轴)之间的关系

所以,生片密度的调整范围是极小的。

　　作为稳定收缩系数的一种方法,正在进行在玻璃/陶瓷合成物中使用两种或两种以上不同软化点的玻璃材料的实验。由于合成物的收缩依赖于几种玻璃的软化行为,能够得到平缓的收缩曲线。这也可防止玻璃的起泡,除稳定收缩系数外,也是控制收缩行为的一种方法,下一节将做进一步说明。特别是,如果添加高软化点的玻璃,也为烧结时黏结剂的分解所释放的气体开通了一条路径,减少陶瓷中的残留碳是非常有效的。

　　烧结时,烧件和垫板之间的反应对控制收缩系数有显著的影响。如果基板与垫板相黏,烧结收缩率就会局部改变,导致不能在 x 轴和 y 轴上进行等方收缩,甚至造成基板弯曲。为了防止这种情况发生,采用与基板接触面积小的垫板是有效的。这种垫板也允许烧结气氛中的气体从基板的下方流过,为均匀烧结提供了一个有利的条件(图 8.6)。

烧件(叠层体)

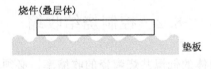

垫板

图 8.6　山脊形垫板

　　当添加无定形玻璃的陶瓷在烧结时产生翘曲时,这可能是在基板上外加了重力所致,可用复烧一次的办法来纠正。然而,对于添加结晶玻璃的陶瓷就难以减少由于重力所致的翘曲,因为在烧结后陶瓷中残留的玻璃量极小,复烧时,玻璃不能流动。

8.2.2 铜/陶瓷

电路板中,各层的表面布线和过孔都是铜,其余就是陶瓷。整个电路板可以认为是铜和陶瓷的综合体,基板中铜的含量依所用导体图形的电路设计和陶瓷的层数而异。图 8.7 示出了当铜含量改变时基板的收缩系数的变化。图中显示,单一陶瓷的收缩率为 15.6%,而单一铜的收缩率为 14.8%。如果基板中铜的含量超过 2%,基板的收缩系数更接近铜的收缩系数。顺便一提,计算机用的多层陶瓷电路板中铜的含量大约是 2%~3%,所以这种基板强烈受到铜的收缩系数的影响。含铜基板收缩系数的变化在最终烧结时会产生铜和陶瓷之间收缩系数的失配[2]。有关收缩系数失配的详细情况将在下一节中说明。

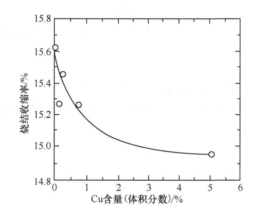

图 8.7 基板中铜含量和收缩系数之间的关系

8.3 烧结行为和烧结收缩率失配

陶瓷和导体的烧结收缩率的失配概念在第 3 章的图 3.1 已经涉及,该图表明,当陶瓷和金属材料之间的收缩系数失配时,其界面就会出现缺陷[3~5]。

图 8.8 示出了用铜油墨进行密集印刷的玻璃/氧化铝复合物叠层体的烧结收缩率的研究,其烧结规范为,气氛:氮气,温度范围:500~1050℃,升温速度:100℃/min,烧结时间:1h[6]。玻璃/氧化铝复合材料和铜油墨两者的烧结收缩率均倾向于随着烧结温度的升高而增大。然而,两者的收缩量和收缩行为却不同。玻璃/氧化铝复合物的烧结收缩率随着烧结温度的升高而缓慢增大,大约在 1000℃就不会变化,其值在 1050℃达到 17.2%。在 600℃或更高时,铜油墨突然收缩,而在 800℃左右,几乎停止收缩。在 1050℃时,收缩系数为 15.9%。两种材料的烧结收缩开始温度和最终收缩系数决然不同。定义烧结收缩开始温度的差值为 ΔT 和最终烧结收缩率的差值 ΔS,图 8.8 表明了两者之间失配的影响。

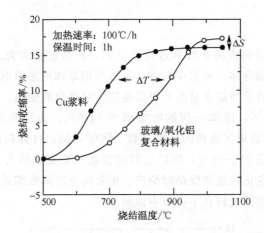

图 8.8　玻璃/氧化铝复合材料与铜油墨烧结收缩率的对比

8.3.1　Δ*T* 的影响

图8.9(a)是烧结基板的铜/陶瓷界面电子扫描照片，样品是在升温速度大于400℃/min、1050℃温度下烧结 1h 获得的。可以从铜电极上观察到一些裂纹。

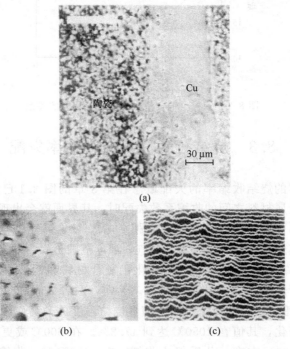

图 8.9

(a)烧结基板的铜/陶瓷界面处电子扫描照片（升温速度：400℃/min，烧结温度：
1050℃，烧结时间：1h）；(b)脆性断裂区的放大照片；(c)用电子探针测得的 Si 分布

图8.9(b)和图8.9(c)分别是这些微裂纹和用电子探针(EPMA)测得的 Si 分布的放大照片,铜中的裂纹和硅成分峰值相匹配。由于铜油墨原先不含无机添加剂,图中的硅可以认为是陶瓷中的玻璃相(SiO_2)。烧结期间,陶瓷中玻璃相移向铜导体,在冷却过程中,由于各材料热膨胀的失配,应力施加在玻璃上,所以产生裂纹。铜和陶瓷在烧结期间的收缩过程示于图 8.10。首先,当温度升至 600℃ 左右,铜开始向内部收缩。接着,陶瓷开始收缩。由于铜的收缩首先发生,收缩的方向由铜的行为所支配,陶瓷也朝着铜的中心收缩。此外,由于玻璃/氧化铝复合材料的烧结收缩依赖于玻璃的液化,在陶瓷开始收缩以后,玻璃朝铜的方向迁移。这时,陶瓷的收缩系数比铜的最终收缩系数大。陶瓷中的玻璃在开始流动之前,铜和陶瓷界面的形态会受到铜的密度的影响。正如图 8.9 所示,如果铜是多孔的,玻璃就会渗入。但是,在玻璃开始流动以前,如果铜是致密的,玻璃不能进入铜内部,被分隔在玻璃的表面 (图 8.11)。

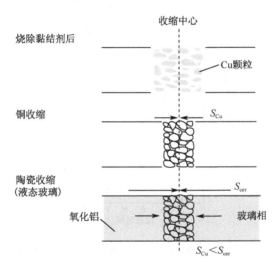

图 8.10 烧结过程中铜和陶瓷的收缩过程模型

S_{cer}:陶瓷收缩系数;S_{Cu}:铜的收缩系数

图 8.12 表明了陶瓷基板在 800℃ 以不同时间处理,最终在 1050℃ 烧结的铜的电阻。当在 800℃ 保持时间短时,电阻值就高。保持时间短时,而铜又是多孔的,玻璃渗入孔内,这种情况类似于图 8.9 中所产生的电阻升高的情况。同样,当保持时间长,电阻有轻微升高的趋势,这很可能是由于铜中产生了闭口气孔,这是由于 8.1 节所描述的铜蒸气产生之故。

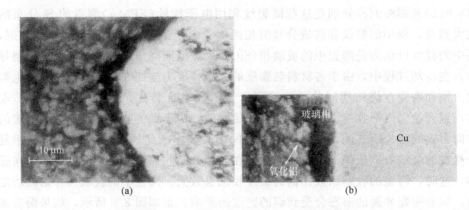

图 8.11　铜和玻璃界面处的扫描电镜照片(玻璃被分隔在铜的表面)

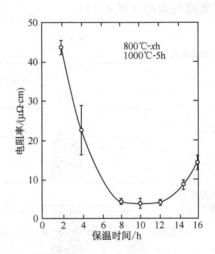

图 8.12　800℃保温时间与内部铜导体电阻率之间的关系

图 8.13 列出了在不同温度下煅烧的基板的铜过孔周围部位的微观结构。由于铜先于陶瓷开始烧结和收缩,宏观层面上观察该图得知,叠层时连接的铜过孔在 600℃时是分离的,然后在大约 850℃高温下再次连接起来。当填充过孔时,如果铜的充填率低,一旦过孔分离,它们在高温下再也不能恢复连接,留下了缺陷。

8.3.2　ΔS 的影响

根据图 8.8,在 1050℃时,与陶瓷相比,铜的收缩约 1.3%,所以可以认为,铜比陶瓷更能承受压应力[7,8]。图 8.14 示出了不同入射角测量铜导体(220)平面的 X 射线分析结果。如果入射角大,铜(220)平面的衍射角略微移向较高角

图 8.13　在不同热处理温度下，铜孔周围部分的显微照片

(a)叠层体；(b)600℃；(c)850℃；(d)1000℃

度。从这些结果计算残余应力表明，大约 4kgf/mm² 的压应力施加在铜上。正如
上一节所说明，ΔS 对于用铜作为内部线路的陶瓷基板的最终收缩系数也有一些
影响。

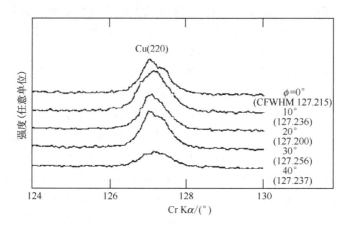

图 8.14　不同入射角度测量下内部铜导体(220)面的 X 射线分析结果

　　为了减小两种材料之间收缩的失配量，曾有建议在同油墨中添加适量的氧化
铝或其他添加剂。由于氧化铝粉料在低温共烧陶瓷的烧结温度下不发生变化，能
增加铜的收缩系数，同时由于它的锚定作用对增强界面的黏附和防止由于发泡而

产生膨胀也有一定效果。

8.4　铜的抗氧化和黏结剂的排出

当氧化物和金属同时烧结时，通常必须控制气氛中的氧分压。第 3 章的图 3.6是氧分压变化时所产生的热平衡图。氧分压用惰性气体中的氧浓度和混合气体的热平衡来控制。

纯氧有一个 1atm 的氧分压，而在气氛中为 0.2atm。当氧分压由氩或氮中的混合氧来控制时，其限度约为 10^{-4} atm。为了得到一个低氧分压，必须用 H_2/H_2O 或 CO/CO_2 混合气体。

例如，为了得到 1600℃ 温度下的 $10^{-11.7}$ atm 氧分压，混合气体可进行如下计算：

$$CO + \frac{1}{2}O_2 \longrightarrow CO_2$$

上述化学式中反应的吉布斯自由能表达为 $\Delta G^0 = -282400 + 86.81T$，如果将1600℃(1873K)引入，则得 $\Delta G^0_{1873K} = -119804.9J$。另一方面，如果反应的吉布斯自由能表达为一个平衡常数，其值为 $\Delta G^0 = -RT\ln K$，而其中温度为1873K。如果上述结果进行置换，就得 $\ln K_P = 7.7$。如果将 K_P 值和 $P_{O_2} = 10^{-11.7}$ 代入 $K_P = P_{CO_2}/\{P_{CO}(P_{O_2})^{1/2}\}$ 中计算，那么就可得到气体的混合比 $(P_{CO_2}/P_{CO}) = 10^{-2.5}$。以同样的方法，使用 H_2/H_2O 混合气体，任何氧分压都能获得。

为了使铜和陶瓷两者的同时烧结，一方面需要防止易于氧化的铜的氧化，另一方面陶瓷生片中的有机黏结剂(C)必须使其氧化和排出。如果铜被氧化，它就不是导体，不能实现导体的功能。此外，如果有机黏结剂在烧结时不氧化、不燃烧完，而是以碳的形式残留在陶瓷中，碳的传导性将会使陶瓷的绝缘性质降低。图 8.15 示出了温度平衡时气氛中的氧浓度和铜与碳的化学反应之间的关系。图8.16 示出了在温度范围内烧结的铜和陶瓷基板的形貌。当在空气中或类似于区域 I 中烧结时，陶瓷中的黏结剂被排出，可是由于铜的氧化，生成 CuO，线路导体发黑。在氧浓度比范围 I 低的区域 II，陶瓷黏结剂被排出，出现白色，线路导体由于 Cu_2O 的生成而呈现红褐色。在范围 IV，1atm 的高纯度惰性气体或类似情况，铜的氧化被抑制，可得到低的线路电阻，尽管由于陶瓷中的有机黏结剂没有分解而碳化以致使基板发黑。当气氛调节到中性范围(区域 III)，既能排出陶瓷中的碳，也可防止铜的氧化[9]。

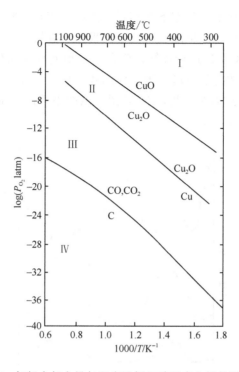

图 8.15　气氛中氧含量与温度及铜和碳反应之间的平衡关系

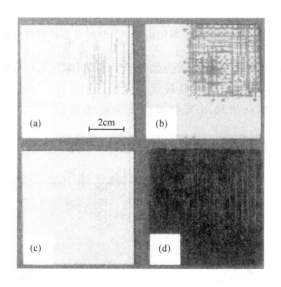

图 8.16　不同环境烧结得到的铜/陶瓷基板的外观
烧结环境:(a)图8.15中的区域Ⅰ;(b)区域Ⅱ;(c)区域Ⅲ;(d)区域Ⅳ

　　上述四组分区可在平衡状态下观察到。然而，实际观察中发现，陶瓷部分也许会发黑，而导体部分可能呈现红褐色。如果将具有极低软化点玻璃所组成的玻璃/氧化铝复合物在区域 II 进行烧结，就会出现铜变成红褐色，而陶瓷中的碳可能会因分解排出时被软化的玻璃所困而使陶瓷变黑。图 8.17 示出了发黑玻璃/氧化铝复合材料的 X 射线微观分析(XMA)图。从图中看出，Si 和 C 的峰值非常接近，可以认为，玻璃俘获了碳[10]。

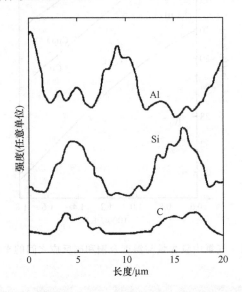

图 8.17　发黑玻璃/氧化铝复合材料的 X 射线微观分析

　　为了有效地排出碳，需要控制烧结环境，并在其氧化和分解以后提供排出的路径。如果排碳的路径被堵塞，基板就会发黑。图 8.18 示出了 700℃ 烧结的铜/陶瓷基板的截面观察结果和用 X 射线微观分析法测得的 Cu 元素与 C 元素的分

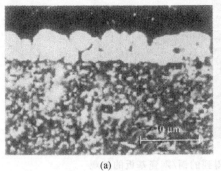

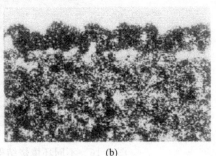

(a)　　　　　　　　　　　　　　　　　　(b)

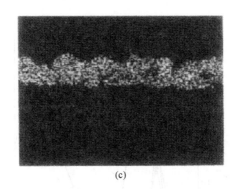

(c)

图 8.18　700℃烧结的铜/陶瓷基板的断面观察结果

(a)扫描电镜照片；(b)碳的分布；(c)Cu 的分布

布[11]。由图可以看出，碳集中在铜和陶瓷之间的界面处。这也许是由于铜烧结较快，先于陶瓷达到其最终温度，烧结的铜在未烧结的陶瓷的上部阻塞了释放气体的出口孔。为了完全排出铜导体中的碳，必须在铜烧结前的 400℃左右使黏结剂充分分解。

　　如上所述，控制烧结环境的气体组成对于同时防止铜的氧化和排出黏结剂这两方面是极其重要的。必须记住，引入气体的组成和炉中气体的组成是不同的。炉中气体组成变化的三个原因是：①与陶瓷基板反应；②炉中气体的流动；③电炉内部和它的表面的杂质。当烧结时，陶瓷中有机黏结剂经受了热分解，同时，炉中调整氧分压的大气中的气体与材料反应生成新的气体。图 8.19 示出了炉中烧结期间所产生气体的气相色谱分析结果。热处理温度控制在 400℃左右，这时黏结剂的热分解最强烈，大约在 800℃时，气体与基板中的杂质最容易发生反应。正如图中所示，产生各种气体，如 CO，这是陶瓷中的黏结剂的反应产物。换言之，当陶瓷基板放入炉中时，炉中的气氛会经常改变。

　　出于同样的原因，电炉中烧件的放置需要仔细考虑。图 8.20 示出了低温共烧陶瓷经常使用的有传送带的连续式烧结炉中气体的流动图。在有传送带的连续式炉中，安置有 10 个加热器并用以改变各区的温度设定，可按要求的烧结温度曲线进行调整。烧件安置在传送带上通过炉堂进行烧结。为了调节电炉中的气氛，连续不断地往炉中输入氮气。此外，为了切断外界大气的进入，在电炉的进出口处抽吸大量的氮气以形成气帘。为了消除由烧件散出的污染反应气体，在炉顶也配置了通风孔。正如图中所示，电炉中流过第一烧件所产生的污染气体，再流过后面的烧件，虽然第一个烧件烧结得当，随后的烧件会被污染，使之发黑。因此，电炉必须通风良好。

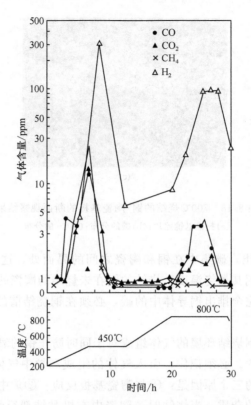

图 8.19　铜/陶瓷基板气体产生量测量结果

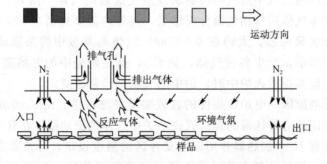

图 8.20　配备传送带的连续炉中的气流示意图

　　炉中气体组成变化的第三个原因是，炉中和炉子表面的杂质。在陶瓷领域中，刚购买的新电炉的最初使用是不理想的，这是普遍的问题。当气氛炉刚买来时，电炉内耐火材料中的水分没有充分排出，所以在高温时，水蒸气的气氛可能形成。此外，当用高蒸气压，如氧化铅烧结陶瓷时，当炉子已用足够长的时间，氧化铅在炉内积聚，高密度氧化铅蒸气自然形成，所以，一个适当的烧结环境可以得到。通常，低温共烧陶瓷使用氮气炉，当电炉是新的时，气氛并不稳定。如果电炉用了某一段时间后，炉壁上覆盖了厚厚的一层没有完全燃烧的有机树脂。这些碳杂质与引入到炉中的气体中与周围污染物的氧发生反应，这个有效的作用在任何时候都能维持低氧浓度。

　　陶瓷基板中气体的成分也不尽相同。例如，铜油墨中的黏结剂树脂在气氛下反应生成新的气体成分，所以不同的气氛只是在铜部件的附近建立。

　　如上所述，控制气体成分和创造一个铜不氧化而黏结剂树脂的碳成分等能氧化的气氛是一种方法，这种方法既防止铜的氧化又能排出黏结剂。

　　除这种方法以外，下面的技术可应用于单独分开的过程，对各种材料进行不同的适合的热处理(图 8.21)[12]。如图所示，第一步，叠层体在 600℃的空气中进行热处理以烧掉和完全排出陶瓷中的有机黏结剂。这时，铜转变为氧化铜。下一步，基板在氢气(或含氮的氢气)中 500℃温度下经受热处理。这个过程中，氧化铜完全还原为铜。最后在 1000℃的氮气中烧结，陶瓷和铜两者都可致密化。用这种方法由于气氛中气体组分不需要精密控制，防止铜的氧化和黏结剂的排出这两方面能容易地同时实现。然而，这个过程中，在 600℃空气气氛下脱蜡时，铜会转变为氧化铜，在随后的烧结过程中又变回铜。当铜氧化时，会发生体积膨胀，还原时体积又收缩，所以在陶瓷和铜之间会产生应力。这可能会导致的问题就是分层(图 8.21)。

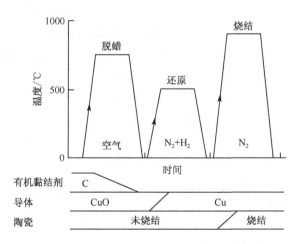

图 8.21　铜和陶瓷基板共烧过程示意图

8.5　零收缩技术

　　陶瓷基板烧结后，薄膜线路就已形成，各种器件也在其上安置成功。如果在陶瓷的表面收缩系数存在差异，在部件基板上形成的薄膜导体图形和薄膜线路就不能匹配，线路不通就成了大问题。此外，如果在 x 轴和 y 轴方向产生等方收缩，由收缩系数不同引起的尺寸差异导致与电路的设计尺寸不相符。当在基板的一边提供坐标的起点时，在基板相对的另一边就存在着显著的错位，这就有可能造成基板边缘难以贴装元件。基于这个原因，要求基板各次烧结过程中均具有相同的各向同性收缩系数。

　　"零收缩技术"是一种方法，该方法是控制 x 轴和 y 轴不收缩，只允许 z 轴收缩。由于整个表面不产生收缩，烧结后导体的图形尺寸保持与印刷的尺寸相同，前面未对准的情况就不会发生。下面两种方法是众所周知的[13,14]。

　　(1) z 轴负重烧结；

　　(2) 将叠层体夹在材料，如氧化铝之间，这种材料在低温共烧陶瓷的烧结温度下不会烧结，抑制了烧件在 x 轴和 y 轴的移动。

　　顺便说一下，x 轴和 y 轴的实际收缩系数为 0.1%，而 z 轴却达到 40%～50%。

8.6　共烧过程和未来的低温共烧陶瓷

　　共烧过程是一个特有的过程，其中适合于低温共烧陶瓷所用材料的选择，这可以认为是决定低温共烧陶瓷产品形式的关键。本节着重于共烧过程和未来低温共烧陶瓷的发展方向，未来低温共烧陶瓷的整个发展前景将在第 10 章阐述。这一章只涵盖氧化铝和玻璃复合材料及铜导体的共烧技术，虽然已经在第 1 章简述过。在未来的低温共烧陶瓷中，需要将各种不同介电常数的介电材料和电阻材料共烧。为了实现这一点，首先必须要能够小心地使用相同的烧结条件来烧结每个单独的材料，以达到所需的特性(介电特性和电阻特性)。控制不同材料之间的收缩失配和界面反应是第二个问题。就低温共烧陶瓷而言，烧结条件(温度和气氛)由导电材料的熔点来支配和阻止氧化。

　　铜导体的烧结温度大约为 1000℃，必须在还原气氛中进行。由于氧化铝/玻璃复合陶瓷抵抗还原的能力很强，无论在空气中烧结还是在还原气氛中烧结，它的绝缘性能几乎没有差别。但是，钛酸钡系列中高介电常数材料在还原气氛中容易还原而成为半导体。弛豫铅系统材料呈现有高的介电常常数，烧结温度大约为 900℃，所以它们作为共烧的不同材料是很有希望的，虽然在还原气氛中它们易于转变为金属铅。关于电阻材料，正如第 4 章所述，由于导电氧化物易于还原(例如 RuO_2 还原成 Ru)，控制它们的电阻值是很困难的。

　　另一方面，如果银、银/钯、黄金用做导电材料，就没有必要考虑材料的还原，因为它们可以在空气气氛中烧结，广泛的材料选择是可能的。由于不需要担心前面所介绍的用铜作为导电材料时黏结剂的排出，制造过程也相当简单。

　　如前所述，在低温共烧陶瓷中，合并具有内埋无源器件功能的各种材料，特别是用精细线的地方，以及低温共烧陶瓷的进一步开发，用银做导电材料是非常有利的。然而，在由导体和绝缘材料组成的具有精细线电路板的应用中，低电阻、抗徙动性高的铜导体是相当有利的。根据不同的应用，各种材料也将继续并列使用。

参 考 文 献

[1] K. Niwa，N. Kamehara，H. Yokoyama and K. Kurihara，"Multilayer Ceramic Circuit Board with Copper Conductor"，Advances in Ceramics，Vol. 19，(1986)，pp. 41-48.

[2] Y. Imanaka，"Multilayer Ceramic Substrate，Subject and Solution of Manufacturing Process of Ceramics for Microwave Electronic Component"，Technical Information Institute，(2002)，pp. 235-249.

[3] R. R. Tummala，"Ceramic and Glass-Ceramic Packaging in the 1990s"，J. Am. Ceram. Soc.，Vol. 74，(1991)，pp. 895-908.

[4] G. -Q. Lu，R. C. Sutterlin and T. K. Gupta，"Effect of Mismatched Sintering Kinetics on Camber in Low Temperature Cofired Ceramic Package"，J. Am. Ceram. Soc.，Vol. 76，No. 8 (1993)，pp. 1907-1914.

[5] T. Cheng and R. Raj，"Flaw Generation During Constrained Sintering of Metal-Ceramic and Metal-Glass Multilayer Films"，J. Am. Ceram. Soc.，Vol. 72，(1989)，pp. 1649-1655.

[6] Y. Imanaka and N. Kamehara，"Influence of Shrinkage Mismatch between Copper and Ceramics on Dimensional Control of Multilayer Ceramic Circuit Board"，J. Ceram. Soc. Jpn.，Vol. 100，No. 4，(1992)，pp. 560-564.

[7] C. H. Hsueh and A. G. Evans，"Residual Stress and Cracking in Metal/Ceramic Systems for Microelectronics Packaging"，J. Am. Ceram. Soc.，Vol. 68，No. 3，(1985)，pp. 120-127.

[8] R. K. Bordia and R. Raj，"Sintering Behavior of Ceramic Films Constrained by a Rigid Substrate"，J. Am. Ceram. Soc.，Vol. 68，No. 6，(1985)，pp. 287-292.

[9] Y. Imanaka，A. Tanaka and K. Yamanaka，"Multilayer Ceramic Circuit Board -Wiring Material: From Copper To Superconductor-"，FUJITSU，Vol. 39，No. 3，June，(1988)，pp. 137-143.

[10] N. Kamehara，Y. Imanaka and K. Niwa，"Multilayer Ceramic Circuit Board with Copper Conductor"，Denshi Tokyo，No. 26，(1987)，pp. 143-148.

[11] K. Niwa，N. Kamehara，K. Yokouchi and Y. Imanaka，"Multilayer Ceramic Circuit Board with a Copper Conductor，" Advanced Ceramic Materials，Vol. 2，No. 4，Oct. (1987)，pp. 832-835.

[12] T. Ishida，S. Nakatani，T. Nishimura and S. Yuhaku，"A New Processing Technique for Multilayered Ceramic Substrates with Copper Conductors"，Advances in Ceramics，Vol. 26，(1987)，pp. 467-480.

[13] H. T. Sawhill，R. H. Jensen，K. R. Mikeska，"Dimensional Control in Low Temperature Co-fired Ceramic Multilayers"，Ceramic Transactions，Vol. 15，(1990)，pp. 611-628.

[14] K. R. Mikeska，R. C. Mason，"Pressure Assisted Sintering of Multilayer Packages"，Ceramic Transactions，Vol. 15，(1990)，pp. 629-650.

[15] Y. Imanaka，"Material Technology of LTCC for High Frequency Application"，Material Integration，Vol. 15，No. 12，(2002)，pp. 44-48.

第9章 可 靠 性

共烧过程完成后，首先对基板外观进行目测，并对其烧成收缩率作出评价。目测的物理缺陷项目有分层、翘曲和裂纹等。陶瓷零件外部颜色的检查可在立体显微镜下观察，检查项目有颜色、金属的氧化等。检查收缩系数时，先要测量 x 轴、y 轴和 z 轴的尺寸，判断基板是否偏离设计要求，是否超差。其次，简单地检查基板的电气性能，如导电性能和导体电阻、层间对地绝缘电阻、特性阻抗等。此外，从材料的角度检查基板的质量，如密度、强度、微观结构等。当这些质量检查完成后，再进行烧结基板的可靠性测试，也是作为基板的产品出厂检验。以下试验条件是可靠性试验的通用典型项目。

(1) 温度循环试验(气体)：

$-60℃$，20min↔150℃，20min，1000 次循环。

(2) 热冲击试验 （液体）：

$-60℃$，20min↔150℃，20min，1000 次循环。

(3) 压力蒸煮试验：

110℃，85％相对湿度，1.2atm，500h。

(4) 高温高湿偏压测试：

85℃，85％相对湿度，直流 5V，2000h。

(5) 热暴露试验：

150℃，2000h。

在可靠性试验和品质检验中，发现大多数的缺陷都出现在铜和陶瓷之间的界面上。由于整个电路板的 95％以上是陶瓷，现在有一种趋势，即只评估陶瓷部件的可靠性。然而，低温共烧陶瓷是用精细的三维导体布线所形成的陶瓷（金属和陶瓷的复合材料(图 9.1)），仅陶瓷一项是难以解释各种特性和可靠性问题。

由于导体的热特性和力学性能与陶瓷的性能差别很大，导体对整个低温共烧陶瓷的宏观和微观特性有着显著的影响。本章提供一个例子，特别是使用铜时，陶瓷和导体的热力学性能和机械性能之间的失配对整个低温共烧陶瓷的可靠性的影响。

陶瓷本身的热力学性能和机械性能已在第 2 章作了详细介绍。低温共烧陶瓷中所用的陶瓷通常是玻璃和陶瓷复合材料。第 2 章中所提出的为了获得各种特性而适用于复合材料的混合规则同样适合于本章的讨论。

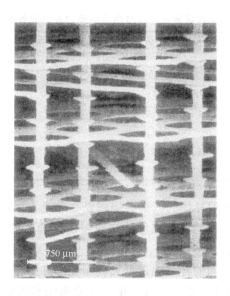

图 9.1 大型计算机用多层陶瓷电路板中的三维铜导线（陶瓷部分已被氢氟酸腐蚀掉）

然而，尽管陶瓷有一个几乎是各向同性的复合结构，就电路板而言（导体和陶瓷复合材料），其中导体部件的排列是无序的，而这些部件网络存于陶瓷之中正是与单一陶瓷的差异所在。

9.1 低温共烧陶瓷的热冲击

如果对单一材料进行热处理，如快速冷却或快速加热，由于材料的表面和内部之间的温差增大而出现热应力，产生热冲击。此外，低温共烧陶瓷是导体金属和陶瓷的复合体，由于各种材料的热膨胀不同，所产生的伸长率也就有差异，两种材料之间存在应力而产生翘曲。

当快速加热时，高热膨胀的部件产生压缩应力，而低热膨胀的部件产生拉伸应力。

在各材料的表面所产生的最大应力 σ 可以下式表示[1,2]：

$$\sigma = \frac{E\alpha\,\Delta T}{1 - \upsilon}$$

式中，E 为弹性模量；α 为热膨胀；ΔT 为温差；υ 为泊松比。

表 9.1 列出了低温共烧陶瓷所用材料与热应力有关的各种物理性质。

表 9.1　低温共烧陶瓷所用材料与热应力有关的各种物理性质

	弹性模量 E/GPa	热膨胀系数 α/($\times 10^{-6}$/℃)	泊松比
Ag	75	19.7	0.38
Cu	120	16.5	0.37
W	360	4.5	0.35
氧化铝	380	8.0	0.24
耐热玻璃	70	3.0	0.16
玻璃/氧化铝复合材料	90	4.0	0.17

　　图 9.2 示出了具有铜导体的低温共烧陶瓷在经受 ΔT 为 250℃热冲击后的铜/陶瓷界面和经热冲击的样品在做完导体弯曲强度试验后的铜/陶瓷界面。在经受热冲击后，未观察到裂纹等缺陷，也未见到材料的微观结构发生变化。另一方面，在经受弯曲强度试验的样品中，可见到陶瓷部件中有许多裂纹等缺陷。可是在接近铜/陶瓷界面处没有见到任何变化，这说明铜和陶瓷的胶接强度性能是良好的。顺便说一下，单一陶瓷部件的弯曲强度是 150~200MPa，具有铜导体的低温共烧陶瓷的弯曲强度是 80MPa。

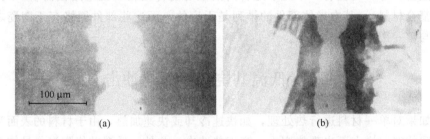

(a)　　　　　　　　　　　　　　　(b)

图 9.2　(a)施加 ΔT 为 250℃热冲击后铜/陶瓷界面及
(b)热冲击后进行弯曲强度测试得到的铜/陶瓷界面

9.2　低温共烧陶瓷的热膨胀和剩余应力

　　图 9.3 示出了铜/陶瓷基板在室温和在 200℃下加热后过孔表面的横截面曲线图。在室温下，过孔和周围陶瓷几乎处于同一高度。如果基板温度升至200℃，过孔提升大约 0.4μm。

　　当由两种材料合成的复合材料被加热时，如低温共烧陶瓷，如果两种材料都处于自由状态，每一种材料都各自延伸长度 $\alpha\Delta T$。然而，在实际的低温共烧陶瓷中，由于导体金属和陶瓷互相制约，两种材料之间的张力引发产生内应力(图 9.4)。例如，如果金属/陶瓷复合材料的热膨胀系数是 α_{co}，陶瓷的热膨胀

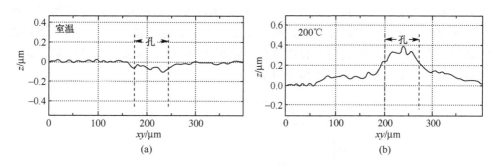

图9.3 铜/陶瓷基板中过孔的表面相关数据(热变形前后,室温~200℃)

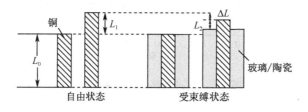

图9.4 自由状态和受束缚状态时材料的热变形

L_0:铜的初始长度;L_1:自由状态下铜的膨胀长度;L_2:在受束缚状态下铜的相对

膨胀长度;ΔL:铜在自由状态和受束缚状态下的膨胀差异

系数是 α_{ce},温度变化用 ΔT 表示,陶瓷的张力是 ε_{ce},张力的平衡用如下等式表达:

$$\alpha_{co}\Delta T = \alpha_{ce}\Delta T + \varepsilon_{ce}$$

同样,如果我们知道导体金属的张力平衡,取两个平衡式之差,两种材料之间的张力可表达为热膨胀系数的差,则等式为

$$(\alpha_{ce} - \alpha_m)\Delta T = \varepsilon_m - \varepsilon_{ce}$$

图9.5示出了低温共烧陶瓷中铜过孔的热膨胀行为。由于是测量铜过孔顶部的热膨胀,上述等式中 ε_{ce} 部分可不用考虑。铜过孔导体的热膨胀系数实际测量值为 $12\times10^{-6}/℃$,与单一铜的热膨胀($16.5\times10^{-6}/℃$)和陶瓷的热膨胀($4\times10^{-6}/℃$)之间的差值几乎相等。

如上所述,张力的产生完全取决于材料热膨胀的差异。图9.6表明,由于低温共烧陶瓷是玻璃/陶瓷复合材料和金属,如金、银和铜等的复合体,热膨胀的失配比高温共烧陶瓷材料复合体(绝缘体:氧化铝;导体:钼和钨)的失配严重。然而,高温共烧陶瓷中所用材料(钼和钨)的杨式模量约比低温共烧陶瓷中所用金属的杨式模量大三倍。换句话说,低温共烧陶瓷中导体部件的张力较大,虽然不存在起因于这种张力的应力。应力模拟结果表明,与高温共烧陶瓷比较,低温共烧陶瓷中所产生的总内应力是极小的，有关热特性方面的可靠性是高的[3]。然而，从微观上看，高温时过孔部件确有如图 9.3 所示的隆起。这在低温共烧陶瓷的表面形成薄膜导体时就会引起产生黏附问题（图 9.7）。加强过孔导体和陶瓷之间的黏附来抑制过孔导体的迁移是很重要的。

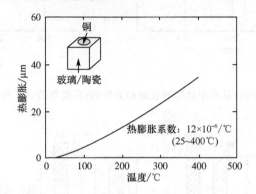

图 9.5　铜过孔部件的热膨胀行为

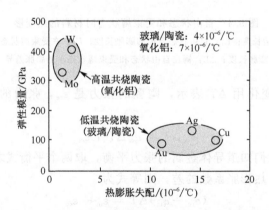

图 9.6　陶瓷和导体之间的膨胀失配及弹性模量与
高温共烧陶瓷和低温共烧陶瓷的导体材料之间的关系

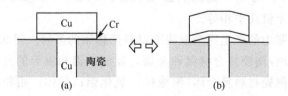

图 9.7　由于铜过孔部分的隆起造成的缺陷对薄膜导线的影响举例
（a）室温；（b）高温

9.3 低温共烧陶瓷的热传导

在由金属和陶瓷构成的低温共烧陶瓷复合材料中，热传导在很大程度上取决于组分材料的热传导性、体积分数和复合形式[4,5]。如果排除绝缘层之间形成的过孔导体，多层电路板就是陶瓷绝缘层和导体层构成的层状结构。如果陶瓷绝缘层和导体层平行于热流方向排列，热流主要流经高热传导层，可用下列等式表达：

$$K_{co} = V_{ce}K_{ce} + V_m K_m$$

式中，K_{co} 为复合材料的热导；K_{ce} 为陶瓷的热导；K_m 为金属导体的热导；V_{ce} 为陶瓷的体积分数；V_m 为金属导体的体积分数。

另一方面，如果热流垂直地流向陶瓷绝缘层和导体层，复合材料的热导降低，可用下列等式表达：

$$1/K_{co} = V_{ce}/K_{ce} + V_m/K_m$$

在两种材料分散均匀的系统中，使用对数混合规则。表 9.2 列出了低温共烧陶瓷铜布线在各种条件下的热导测量结果。实际测量值接近用合成规则所得的计算值。因此，当考虑高可靠性低温共烧陶瓷的热设计时，需要留心导体线路的排列和方位。如果热过孔用高热导的金属形成，且平行于热流方向安排，就更能允许产生的热量有效地在低温共烧陶瓷的外围散出。

表 9.2 低温共烧陶瓷铜布线的热导测算结果

材料	热流方向	样品配置	铜的体积分数/%	计算值/(J/(m·s·℃))	实测值/(J/(cm·s·℃))
玻璃/陶瓷复合物	平行于绝缘层方向		—	—	3.7
	垂直于绝缘层方向		—	—	3.2
铜布线低温共烧陶瓷	平行于铜样品方向		1.4	9.2	10.5
	垂直于铜样品方向		1.1	3.2	3.0

参 考 文 献

[1] B. A. Boley and J. H. Weiner, Theory of Thermal Stresses, John Wiley & Sons, Inc., New York, (1960).

[2] S. Timoshenko and J. N. Goodier, Theory of Elasticity, 2nd ed., Chapter 14, MacGraw-Hill Book Co., New York, (1951).

[3] Y. Imanaka, K. Hashimoto, W. Yamagishi, H. Suzuki, N. Kamehara, K. Niwa and K. Kurosawa, "Reliability of Copper Vias for Multilayer Glass/Ceramic Circuit Boards", Proc. Electric Ceramic Conference, Shonan Institute Technology, (1991).

[4] M. Kinoshita, R. Terai and H. Haidai, "Thermal Conductivity of Glass Copper Composite", J. Ceram. Soc. Jpn., Vol. 88, No. 1, (1980), pp. 36-49.

[5] W. D. Kingery, H. K. Bowen and D. R. Uhlmann: Introduction to Ceramics, 2nd ed., John Wiley & Sons, Inc., (1976), pp. 634.

第10章　低温共烧陶瓷的未来

10.1　引　　言

随着移动电话的爆炸性增长，相关的功能和服务也正在迅速扩大，最近已经可以连续高速发送和接收大图像。无线通信技术的进步，引起人们密切关注。而且，为了发展一个无所不在的未来计算网络，目前正朝着实现通信服务环境的完善方面发展，其中包括网络、终端设备和在任何地方、没有任何形式限制、可以自由而可靠使用的各项服务内容[1]。在这种网络普及的社会中，高频、高速无线传输技术和多功能而小型化的终端设备将有希望在系统发展中成为通信工具的关键技术。

具有优良高频特性的小型电路模块，其中内埋和集成多个无源器件，是目前正在发展的一种嵌入式技术[2,3]。这种具有电路元件，如电容器、电阻器、电感器等的单片模块是在三维多层结构中形成的，同时具有传输线路、退耦电容器、滤波器、巴伦和具有高频电路功能的其他集成器件。对于有功能要求的电容器和滤波器等的无源器件，最理想的是用具有最佳介电特性的陶瓷来制作。

和其他材料相比，低温共烧陶瓷的高频损耗很小，易于与异种材料相结合，是通信网络中硬件制作的最佳材料[4,5]。

为了实现未来硬件的更高的频率，更高的集成和小型化、多功能化，需要器件进一步改善低温共烧陶瓷本身的特性以适应未来应用。

下一节着眼于低温共烧陶瓷必须实现的技术发展，以满足未来无处不在的网络应用。

10.2　未来低温共烧陶瓷技术的发展

为了实现更高的频率和小型化，多功能集成无源器件和内埋无源器件的电路板，从这里所述的前景来看，有必要进行材料技术开发和工艺技术开发。

在微波波段以上的高频范围应用中，介电材料的同质性、导体的表面状况[6]，以及介电/导体的界面配置都得考虑器件内避免电场的局部集中，因此必须结合高频电磁场仿真进行技术开发。材料和过程的技术开发还必须考虑降低制造成本。

10.2.1　材料技术开发

1. 导体材料

为了减少导体在高频率范围内的损耗，有必要采取办法将导体电阻降低到最低限度(参见第1章)。由于导体内部电感在高频时会增加，电流只在导体的表层附近流动。导体流动这一区域的厚度称为趋肤深度。图10.1表明了各种导体的频率和趋肤深度的关系。趋肤深度可用下面关系式表达。有一个趋势就是随着频率的增高，非磁化材料的趋肤深度变浅。

$$\delta_m = \sqrt{\frac{\rho}{\pi\mu_r\mu_0 f}}$$

式中，ρ 为导体比电阻($\times 10^{-8}\,\Omega\cdot cm$)；$\mu_0$ 为自由空间磁导率($4\pi\times 10^7\,H/m$)；μ_r 为磁导率(非磁材料为1)；f 为频率。

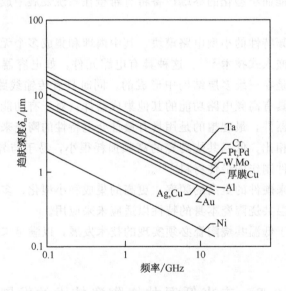

图10.1　各种导体的频率和趋肤深度的关系

由于低温共烧陶瓷的导体(特别是内部导体)是由导电油墨用厚膜技术生产的，导体内部容易产生空洞、气孔等缺陷。由于先前加入导电油墨中的无机材料成分的影响，测量的电阻值比原有材料的性能值大。而且，导体的表面粗糙度较大，导体的导电途径加长(表面部分的长度)，增加了不必要的电场集中，致使传输损耗增大。基于这个原因，重要的是减少导电材料的缺陷，使电阻值尽量接近块状材料的性能值。导体本身的低电阻对减少损耗是最有效的，采用高温超导材料来进行内部电路布线是非常理想的。

2. 介电材料

对介电材料而言，将材料发展目标放在减少介电损耗方面是非常需要的。为使低温共烧陶瓷能够低温烧结，一般是添加玻璃料，其结果是使介电特性整体恶化。例如，低温共烧陶瓷用典型 Al_2O_3/硼硅玻璃组成（Al_2O_3 纯度 99.9%，20%（体积分数））的 Q 值为 320，这是该组成作为样品的 Q 值（2GHz）当中的中间值（Al_2O_3 Q 值：3000；硼硅玻璃 Q 值：150）。如果使用低纯度（97.5%）的粉料，则其合成物的 Q 值降为 180。正如第 2 章所述，可能是由于陶瓷颗粒中的杂质阻碍晶格振动的衰减。玻璃的结构密度比晶体低，又因在材料内部容易发生离子电导、离子振动，以及碱金属、OH^- 等的变化，一般来说，这就导致介电损耗的增高。含碱玻璃的 Q 值是非常低的（Q 值：95（2GHz））。可以认为，为了实现低温烧结，把结晶玻璃作为助熔剂添加是有效的。作为这种玻璃类型的一个例子，图 10.2 示出了 Al_2O_3/透辉石（$CaO\text{-}MgO\text{-}2SiO_2$）结晶玻璃复合材料的微观结构。图中可观察到，$Al_2O_3$ 颗粒、精细的透辉石晶体均匀地分散在玻璃相中。当合成物中 Al_2O_3 添加量增加时，其 Q 值是也随之增加，当 Al_2O_3 增加到 40% 时，Q 值达到 2000 左右（透辉石结晶玻璃实物样品 Q 值：340）。如上所述，通过进一步改善玻璃材料，优化材料组分，控制材料的合成，提高组分材料的纯度，以减少损耗（提高 Q 值），这是非常必要的。

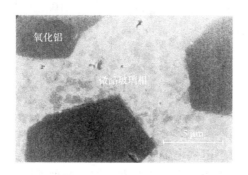

图 10.2　Al_2O_3/透辉石（$CaO\text{-}MgO\text{-}2SiO_2$）微晶玻璃复合材料的显微结构

要提供一个多种高频功能的单一的模块，必须具有低介电损耗和多种介电常数的材料。由于低温共烧陶瓷的初始开发宗旨是用做传输线路的电路板，其材料的介电常数为 10 或更小。高频电磁波的波长与传输介质介电常数的平方根成反比，这就有可能实现较小的器件。例如，如果是用做滤波器的材料，就要求有高的介电常数。直至目前为止，一些微波介质材料，如 $Ba(Mg_{1/3}Ta_{2/3})O_3$，$Ba(Zn_{1/3}Ta_{2/3})O_3$，或 $BaO\text{-}TiO$ 等，被用于制作具有 TE_{018} 谐振器结构的滤波器。这些介质材料均具有高的介电常数和高的 Q 值，但由于其烧成温度很高，大约

1500℃左右，当制造多层结构，如低温共烧陶瓷时，对集成而言，是相当好的。但是具有低电阻率的金属，如铜和银因其熔点低而不能用做导体（烧结温度：1000℃左右）。换句话说，多层结构的集成需要开发用于滤波器的低温共烧陶瓷介电陶瓷材料，这些材料必须同时满足所有的要求，即既有低的烧结温度和低的介电损耗（高 Q 值），又有高的介电常数。图 10.3 示出了各种陶瓷的介电常数、介电损耗和烧结温度图。微波介质材料，如 $Ba(Mg_{1/3}Ta_{2/3})O_3$（BMT）、$BaTi_4O_9$ 和 $ZrSnTiO_4$，这些介质材料呈现高的介电常数和高的 Q 值，然而，却不满足处理温度的要求。氧化铝和二氧化硅用做高频绝缘材料有高的 Q 值，而介电常数却很低，又因其有高的工艺温度，也不满足要求。玻璃和当前的低温共烧陶瓷虽然其工艺温度不成问题，可是介电常数和 Q 值却很低。因此迫切期待满足上述三个要求的新材料的出现。

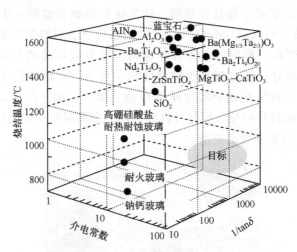

图 10.3　各种陶瓷介电常数、介电损耗和烧结温度关系

　　高介电常数材料对于退耦电容和天线的制造是必不可少的，人们期待满足这些不同要求的低温共烧陶瓷的进一步开发。扩大各种不同应用的低温共烧陶瓷材料品种也是极其重要的。

　　高水平有源器件的集成给人们留下了深刻的印象，各器件的散热达到了几十瓦，所以，当低温共烧陶瓷被用做支撑各种器件的基板时，必须考虑使用具有良好散热特性的材料[7]。

10.2.2　工艺技术

　　新工艺技术的开发，必须以实现高频模块和高水平的集成为目标。下面分别叙述布线导体的形成过程和介电层的制造技术。

1. 导体制造工艺

随着器件朝着小型化方向的发展，线路尺寸也变得越来越小，技术开发的重点已定向于精细导体的形成。在前面述及的小型滤波器的应用中，导体布线是在高介电常数材料的表面上形成的，而且是超精细线宽。如果线宽达不到要求，就不可能使用高介电常数的材料。

就当今厚膜印刷技术而言，其线宽限度为 $80\mu m$。新工艺技术的开发是如何实现精细线。实现小型化之所以困难，在于丝网印刷技术本身的原理，油墨受压通过掩模的孔口，基板的表面粗糙度对印线的精度有重大影响。举例来说，下面就是其中的解决进程。首先，在有光滑表面的塑料薄膜上用丝网印刷导体线路。然后将印刷面移植在生片上，这是一种转移方法，所以线宽能够达到。前文已经指出，为了减少导体损耗，提高导体表面的光洁度是有效的。因此，可以考虑开发在施压整平流延生片以后再印刷导体的新方法，或者在印刷以后对导体施加压力使导体线路平整的方法等。

2. 介质制造工艺

为了开发模块，用体现各种不同功能的材料和高水平的过程技术使这些不同特性，如介电常数的陶瓷结合是必要的。

为了使不同的材料达到良好的结合，烧结过程的技术开发显得特别重要[8]。在结合不同材料时，下面三方面技术问题可作为合适与否的判断依据：

（1）不同材料之间的烧结收缩行为失配；

（2）不同材料之间的相互反应；

（3）不同材料之间的热膨胀行为失配。

首先，烧结收缩速率失配，这是不同材料相结合的最大问题。为了解决这个问题，提出了"零收缩技术"。在这一技术中，x 轴和 y 轴的烧结收缩被抑制，只允许 z 轴收缩（参见第 8 章）[9,10]。

其次，低温共烧陶瓷中所产生的相互反应常常是通过成分中的玻璃相进行的。因此，需要检查各自材料中玻璃之间反应。例如，就晶化玻璃而言，玻璃组成的改变会导致无定形玻璃的形成，从而难以析出特有的晶相，使介电特性显著改变。

而且，当最终烧结的基板在反复加热和冷却时，如果不同材料的热膨胀之间失配，就会产生开裂等缺陷。

为了得到如前文所述的精细线路图形，使器件能够小型化，由于标校精度的余地将会将变得越来越小，在生片的尺寸变化等方面的质量控制就有更高的要求。

为了提高技术水平，除改善低温共烧陶瓷技术外，也有必要结合其他材料和技术而创建新的技术。

10.3　后–低温共烧陶瓷技术的背景

如上所述，小型高频器件和集成各种无源器件的电路板正在迅速发展，对器件的电特性要求及尺寸和成本要求已越来越苛刻。

如表 10.1 所示，具有集成高频无源器件的发展，目前涉及三种技术，其中包括低温共烧陶瓷。

表 10.1　各种过程技术状态的比较

要求	小尺寸，精细	集成	成本	高频	过程
现时特性	最小线宽（5μm）	无源器件内埋性（内埋电容器容量）		介电损耗（tanδ）	
印刷电路板技术	50	每平方厘米几十皮法	低	×	电镀 叠层
硅技术（MCM-D）	5	每平方厘米几百皮法	高	△	溅射（真空）光–平版印刷
低温共烧陶瓷	50	每平方厘米几十皮法	平均	○	丝网印刷 高温烧结

注：×不满足要求；△部分满足要求；○满足要求。

树脂印刷电路板技术是在 FR4 基板上通过层压环氧树脂层形成多层结构，导体线路是由镀铜材料形成，而环氧层之间的过孔是利用激光来加工[11]。用这种技术，线宽限度为 50μm。当在此结构中内埋或集成电容等元件时，电容所用的材料是以环氧树脂为基而陶瓷粉末分散其中的陶瓷/聚合物复合材料。用这种复合材料难以达到高的介电常数，也就使内埋电容难以达到大的电容量，能够达到的容量密度只是每平方厘米几十皮法。由于材料便宜，过程不复杂，可以低成本生产。然而，由于环氧基树脂是用做介质材料，该结构的高频特性不是很好（高频介电损失大），因此不适合高频应用。

采用基于硅工艺的沉积布线多芯片组件技术（MCM-D），即在一块硅晶片上形成多层薄膜，是用真空处理如溅射等方法形成导体线路。而树脂如聚酰亚胺等，是用做层间绝缘层[12,13]，能够达到 10μm 以下的精细布线。用溅射或溶胶–凝胶工艺形成的介电常数大约为 400 的薄膜（薄膜厚度：数百纳米）可用做电容器材料。然而，由于在薄膜形成后基板需要在含氧气氛中退火以改善介电常数，所以难以应用于用铜布线的内部功能器件。如果这个问题能够克服，由于是由很薄的膜做介电层，电容密度有可能达到好几百。这种方法需要在无尘室内用真空设备使用光刻方法处理，因此其成本比其他方法高。

此外，至于树脂材料，用于层间绝缘的聚酰亚胺树脂具有很好的高频特性，但比不上陶瓷材料，希望它的特性可以得到改善。

正如在第 1 章所述，低温共烧陶瓷是在陶瓷生片上印刷厚膜导体线路，而后将生片进行叠层，最后在大约 1000℃ 的高温下进行共烧而制成的。由于用的是厚膜印刷方法，50μm 的线宽是其限度。复合材料的高介电常数陶瓷和玻璃复合材料被用做内埋电容器的材料，由于这些材料在多层结构的内部以片状形式形成，电容密度可达到几十。因为烧结过程是用高温，降低成本是有限的，虽然和上述硅技术比较，低成本工艺还是可实现的。因为陶瓷材料的高频特性比树脂好，最适合高频应用。如表 10.1 所示，相对于其他技术而言，低温共烧陶瓷更充分符合要求，所以是目前制造高频集成模块最有前途的技术。然而，从表可以判断，低温共烧陶瓷也不完全满足要求，希望未来的模块能满足所有的需求。为了实现这一目标，材料和工艺的技术发展应尽快满足以下四个要求：①从小型和精细的观点考虑，采用光刻工艺；②使用低成本的 FR4 树脂板作为基本基板；③线路形成采用低成本的电镀工艺技术；④具有优良高频特性的陶瓷材料的开发。图 10.4 示出了满足上述各项要求的模块。具有高介电常数的陶瓷材料和满足高频功能要求的低损耗材料都嵌入在 FR4 基板上建立的多层环氧树脂片中。布线采用镀铜技术[14]。

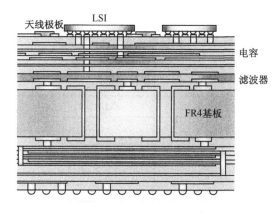

图 10.4　未来的高频模块

技术发展是实现高频模块，最关键的是将陶瓷薄膜沉积技术应用于树脂材料。下面是陶瓷薄膜的三个质量要求：

（1）在低于树脂的耐热水平(环氧树脂约为250℃)以下的低温沉积；

(2) 接近粉体材料特性的优良介电特性(例如,介电常数为 1000 或更高);

(3) 薄膜沉积厚度与内置基板的表面粗糙度相适应。

表 10.2 是各种陶瓷沉积技术的比较。当用溅射方法形成陶瓷薄膜时,在树脂基板上沉积是困难的,因为后退火至少要求在 300℃进行。然而,当后退火在 600℃左右进行时,大约介电常数 500 可以获得[15]。此外,用这种方法沉积微米级厚度是困难的。同样,用溅射方法,即使与溶胶-凝胶工艺相结合,后退火也要求在 300℃进行,所以,树脂基板的沉积也是困难的。与溅射方法相比,所获得的介电常数较低,在后退火以后,其极限值在 400 左右[16]。至于薄膜厚度,通过多层被覆,5μm 左右的厚度可以获得。就厚膜处理而言,在基板上用丝网印刷由陶瓷粉料配成的油墨,而后在大约 1000℃的高温下烧结。虽然具有接近粉体材料介电特性的厚膜能够获得,但是由于处理温度高而不能应用于树脂基板。至于陶瓷和树脂的复合薄膜,可用高介电常数的陶瓷粉料,如 $BaTiO_3$ 和树脂清漆均匀混合后将其涂覆在基板上,再在 200℃左右温度下热烘固化而得到。虽然处理温度和薄膜厚度都能符合要求,但是却达不到高的介电常数的要求。佐治亚理工学院报道,获得一种介电常数约为 135～150 的复合物,方法是首先处理陶瓷颗粒的表面,优化陶瓷颗粒的直径和树脂复合物的组成,将混合的 $Pb(Mg_{1/3}Nb_{2/3})O_3$-$PbTiO_3$ 陶瓷粉料(介电常数大约 15000)和体积分数为 85％的 $BaTiO_3$(介电常数大约 14000)引入到介电常数为 3.2 的环氧树脂中[17～20]。该院还报道,用这种混合方法和高介电常数陶瓷和树脂的组成所得材料的介电常数的最高值为 150 左右。然而,气浮沉积(AD)方法提供了完全满足上述三个要求的可能性。

表 10.2　各种陶瓷沉积技术的比较

所用技术	低工艺温度	高介电常数	厚膜
	高至 200℃	1000 以上	1～10μm
溅射	△(300℃以上)	△(约500)	×
溶胶-凝胶	△(300℃以上)	×	△(5μm)
厚膜工艺	×	○	△(5μm 以上)
陶瓷/树脂复合膜	○	×	△(5μm 以上)
气浮沉积法 (AD)	○	○	○

注:×不满足要求;△部分满足要求;○满足要求。

此外,就树脂材料而言,夹层绝缘中所用的聚酰亚胺树脂具有优良的高频特性,虽然和陶瓷材料相比,它是低级的,希望它的特性能够改善。

如第 1 章所述,低温共烧陶瓷是在陶瓷生片上印刷厚膜导体线路,在生片叠层以后,再在 1000℃的高温下共烧。由于用的是厚膜印刷过程,线宽是有限的。

高介电常数陶瓷和玻璃的复合物被用做内埋电容，由于这些材料在多层结构的内部以片状形式形成，电容密度可达到几十。由于烧结过程是用高温，降低成本是有限的，虽然如此，和上述硅技术比较，低成本工艺还是可实现的。因为陶瓷材料的高频特性比树脂好，最适合高频应用。

10.3.1　后-低温共烧陶瓷技术的气浮沉积法

气浮沉积法是室温下形成陶瓷薄膜的一种革命性的薄膜制作技术，由日本国立高级工业科学技术研究所的明渡纯博士提出[21,22]。图 10.5 是气浮沉积装置的略图，该装置由低真空沉积室、喷嘴、粉末雾化室和机械真空泵等组成。浮质流动(精细陶瓷颗粒和气体的混合物)由提供压缩气体给陶瓷精细干粉而形成。气流在用真空泵的真空压力气氛中进一步加速，并通过狭缝形喷嘴，喷在基板上作为浮质，形成陶瓷薄膜。具有 $0.05 \sim 2\mu m$ 的原材料的陶瓷颗粒被加速成 $100 \sim 1000m/s$，陶瓷在室温下以大约 $10 \sim 30\mu m/min$ 的速率在基板上进行生产。

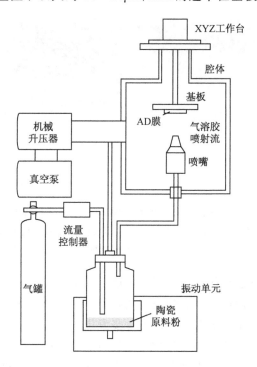

图 10.5　气浮沉积(AD)装置略图

由于在基板的附近没有观察到温度的提高，在树脂材料如塑料的表面形成薄膜是完全可能的。由于在生产过程中精细原材料的颗粒没有粉碎到分子级水平，甚至多元复杂的化合物也没有经受组分的变化，该方法用于生产复杂组成的薄膜就有许多优越性。到目前为止，这种方法一直用来生产锆钛铅压电陶瓷薄膜和氧化铝薄膜。

10.3.2　气浮沉积陶瓷薄膜目前状况和未来发展前景

作为日本经济产业省高级陶瓷集成技术中纳米结构形成项目的一个部分，富士通研究组主要负责开发用高频、高介电常数的以 $BaTiO_3$ 为代表的介质材料制作的薄膜生产技术和器件制造技术，工作于 2002 年开始[23~25]。

图10.6(a)是在树脂基板上形成的气浮沉积薄膜复合物的截面照片。从图中可观察到几十纳米陶瓷颗粒形成的密集结构。用这种方法通常可获得的介电特性（100kHz）大致是：介电常数 400，tanδ 2%（粉体材料 $BaTiO_3$ 的介电常数约为3000）。图10.6(b)是 $Ba(Zn_{1/3}Ta_{2/3})O_3$-Al_2O_3 AD 薄膜的微波介质结构的微观结构，该图示出了氧化铝颗粒均匀分布在锌钽酸钡系基体中的微观结构。薄膜的 Q 值（$1/tanδ$）为500（粉体 $Ba(Zn_{1/3}Ta_{2/3})O_3$ 的 Q 值约为 5000）。

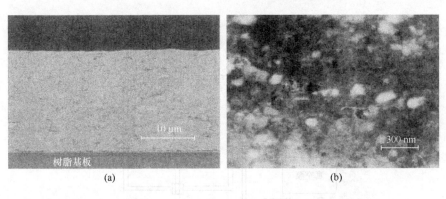

(a)　　　　　　　　　　　　　　　(b)

图 10.6　(a)树脂基板上制备的 $BaTiO_3$ 气浮沉积薄膜截面图
及(b)$Ba(Zn_{1/3}Ta_{2/3})$-Al_2O_3气浮沉积薄膜微波介质结构的显微照片
白点：氧化铝颗粒

由于气浮沉积方法是使用如上所述形成薄膜的陶瓷粉体，从陶瓷工业和陶瓷材料工程中吸取的知识可用以达到很好的效果。用气浮沉积方法形成介电薄膜的开发工作最近才刚起步，随着技术的进一步发展，具有和粉体材料相同介电特性的陶瓷薄膜的制造，预期将会和各种其他材料及过程技术一样受到人们的普遍重视。气浮沉积技术也可以视为是下一代具有集成无源器件的高频功能模块的核心技术。

本章素材收集工作得到日本新能源和产业技术开发机构相关项目工作组的支持，特此致谢。

参 考 文 献

［1］ "Development of Ubiquitous Service Using Wireless Technology", NTT Technical Journal, No. 3, (2003), pp. 6-12.

［2］ "Restructuring System on a Chip Strategy with Package Technology as the New Innovation", NIKKEI MICRODEVICES, No. 189, March (2001), pp. 113-132.

［3］ "Activity Around Technology to Embed Devices Internally in PCB's Suddenly Increases", NIKKEI ELECTRONICS, No. 842, March 3 (2003), pp. 57-64.

［4］ Y. Imanaka, "Material Technology of LTCC for High Frequency Application", Material Integration, Vol. 15, No. 12, (2002), pp. 44-48.

［5］ A. A. Mohammed, "LTCC for High-Power RF Application?", Advanced Packaging, Oct. (1999), pp. 46-50.

［6］ H. Sobol and M. Caulton, Advances in Microwaves, No. 8, (1994), pp. 11-66.

［7］ Y. Imanaka and M. R. Notis, "Metallization of High Thermal Conductivity Materials", MRS Bull., June (2001), pp. 471-476.

［8］ Y. Imanaka and N. Kamehara, "Influence of Shrinkage Mismatch between Copper and Ceramics on Dimensional Control of Multilayer Ceramic Circuit Board", J. Ceram. Soc. Jpn., Vol. 100, No. 4, (1992), pp. 560-564.

［9］ H. T. Sawhill, R. H. Jensen, K. R. Mikeska, "Dimensional Control in Low Temperature Co-fired Ceramic Multilayers", Ceramic Transactions, Vol. 15, (1990), pp. 611-628.

［10］ K. R. Mikeska, and R. C. Mason, "Pressure Assisted Sintering of Multilayer Packages", Ceramic Transactions, Vol. 15, (1990), pp. 629-650.

［11］ T. Nishii, S. Nakamura, T. Takenaka and S. Nakatani, "Performance of Any Layer IVH Structure Multi-layered Printed Wiring Board", Proc18th Japan International Electronic Manufacturing Technology Symposium (IEMT), Omiya, Dec. 1995, pp. 93-96.

［12］ H. Yamamoto, A. Fujisaki and S. Kikuchi, "MCM and Bare Chips Technology for Wide Range of Computers", Proc 46th Electronic Components and Technology Conf, Orlando, FL, May. 1996, pp. 113-138.

［13］ K. Prasad, and E. D. Perfecto, "Multilevel Thin Film Applications and Processes for High End System", IEEE Trans-CPMT-B, Vol. 17, No. 1 (1994), pp. 38-49.

［14］ Y. Imanaka, "Technology for Obtaining High Capacitance Density in Substrate Integrating Passive Function", Embedding Technology of Passive Component in Printed Wiring Board, Technical Information Institute, (2003).

［15］ S. Yamamishi, H. Yabuta, T. Sakuma and Y. Miyasaka, "Sputtering, (Ba＋Sr)/Ti Ratio Dependence of the Dielectric Properties for $(Ba_{0.5}Sr_{0.5})TiO_3$ Thin Films Prepared by Ion Beam Sputtering", Appl. Phys. Lett., Vol. 64, No. 13, 28 March (1994), pp. 1644-1646.

［16］ Y. Imanaka T. Shioga and J. D. Baniecki, "Decoupling Capacitor with Low Inductance for High-Frequency Digital Applications", FUJITSU Sci. Tech. J., Vol. 38, No. 1, June (2002), pp. 22-30.

［17］ P. Chahal, R. R. Tummala, M. G. Allen and M. Swaminathan, "A Novel Integrated Decoupling Capacitor for MCM-L Technology", Proc. 46th Electronic Components and Technology Conf., Orlando, FL, May (1996), pp. 125-132.

［18］ V. Agarwal，P. Chahal，R. R. Tummala and M. G. Allen，"Improvements and Recent Advances in Nanocomposite Capacitors Using a Colloidal Technique"，Proc. 48th Electronic Components and Technology Conference，Seatle，WA (1998)，pp. 165-170.

［19］ S. Ogitani，S. A. Bidstrup-Allen and P. Kohl，"An Investigation of Fundamental Factors Influencing the Permittivity of Composite for Embeded Capacitor"，Proc. 49th Electronic Components and Technology Conference，San Diego，CA (1999)，pp. 77-81.

［20］ H. Windlass，P. M. Raj，S. K. Bhattacharya and R. R. Tummala，"Processing of Polymer-Ceramic Nanocomposites for System-on-Package Application"，Proc. 51st Electronic Components and Technology Conf. ，Orlando FL，May (2001)，pp. 1201-1206.

［21］ J. Akedo and M. Lebedev，"Piezoelectric Properties and Poling Effect of Pb (Zr，Ti) O$_3$ Thick Films Prepared for Microactuators by Aerosol Deposition"，Applied. Physics. Letter，Vol. 77，No. 11，(2000)，pp. 1710-1712.

［22］ J. Akedo and M. Lebedev，"Ceramics Coating Technology Based on Impact Adhesion Phenomenon with Ultrafine Particles-Aerosol Deposition Method for High Speed Coating at Low Temperature"，Materia Japan，Vol. 41，No. 7 (2002) pp. 459-466.

［23］ Y. Imanaka，"Material Technology of LTCC for High Frequency Application"，Material Integration，Vol. 15，No. 12，(2002)，44-48.

［24］ Y. Imanaka，J. Akedo，"Integrated RF Module Produced by Aerosol Deposition Method"，Proc 54th Electronic Components and Technology Conf，Las Vegas，NV，June. (2004)，pp. 1614-1621.

［25］ Y. Imanaka，J. Akedo，"Passive Integration Technology for Microwave Application Using Aero-Sol Deposition"，Bull. Ceram. Soc. Jpn. ，Vol. 39，No. 8，(2004)，pp. 584-589，154-161.